新知
图书馆

第一辑

繁盛与更迭

L I V E   L O N G   A N D   T H R I V E

【美】The Diagram Group /著　　王中华 等/译

上海科学技术文献出版社
Shanghai Scientific and Technological Literature Press

图书在版编目（CIP）数据

繁盛与更迭 / 美国迪亚格雷集团著; 王中华等译. —上海:
上海科学技术文献出版社，2019
（新知图书馆）
ISBN 978-7-5439-7360-2

Ⅰ.① 繁…　Ⅱ.①美…②王…　Ⅲ.①动物 —青少年
读物　Ⅳ.① Q95-49

中国版本图书馆 CIP 数据核字 (2019) 第 039013 号

Life on Earth: In the Air
Copyright © 2005 by The Diagram Group
Life on Earth: In the Sea
Copyright © 2005 by The Diagram Group
Life on Earth: On the Land
Copyright © 2005 by The Diagram Group
Copyright in the Chinese language translation (Simplified character rights only) ©
2014 Shanghai Scientific & Technological Literature Press Co., Ltd.

图字：09-2014-111

选题策划：张　树
责任编辑：王　珺　黄婉清
封面设计：合育文化

繁盛与更迭
FANSHENG YU GENGDIE
[美] The Diagram Group　著　王中华　等译
出版发行：上海科学技术文献出版社
地　　址：上海市长乐路 746 号
邮政编码：200040
经　　销：全国新华书店
印　　刷：常熟市人民印刷有限公司
开　　本：720×1000　1/16
印　　张：21.25
字　　数：381 000
版　　次：2019 年 1 月第 1 版　2019 年 1 月第 1 次印刷
书　　号：ISBN 978-7-5439-7360-2
定　　价：48.00 元
http://www.sstlp.com

总序

　　《地球生物》是一套简明的、附插图的科学指南。它介绍了地球上的生命最早是如何出现的，又是怎样发展和分化成如今阵容庞大的动植物王国的。这个过程经历了千百万年，地球上也拥有了为数众多的生命形式。在这段漫长而复杂的发展历史中，我们不可能覆盖到所有的细节，因此，这套丛书将这些内容清晰地划分为不同的阶段和主题，让读者能够循序渐进地获得一个整体印象。

　　丛书囊括了所有的生命形式，从细菌、海藻到树木和哺乳动物，重点指出那些幸存下来的物种对环境的适应和应对策略具有无限的可变性。它描述了不同的生存环境，这些环境的变化以及居住在其中的生物群落的演化过程。丛书中的每一个章节都分别描述了根据分类法划分的这些生物族群的特性、各种地貌以及这颗行星的特征。

　　《地球生物》由自然历史学的专家所著，并且通过工笔画、图表和地图等方式进行了详尽诠释。这套丛书将为读者今后学习自然科学提供核心的必要的基础。

目录

1

第三部分　陆生动物

飞行动物

IN THE AIR

王 华／译
谭品品

第一部分"飞行动物"介绍了我们所居住的这颗星球和生活在它上空的动物的进化过程和多样性，其中既包括古代，也包括现代。我们共分六个章节向读者讲述：

第一章为爬行动物和飞行动物，介绍的是那些空中的动物，不管它们是被动地飘浮在空中，还是主动地在空中滑行。这一章概述了现代的爬虫和两栖动物以及几十万年以前的古代爬虫。

第二章为最初的飞行家，分析早期那些自主飞行的昆虫是怎么进化的，总结了从蜻蜓到甲虫等各种现代昆虫的发展过程。

第三章为脊椎动物征服天空，描述的是翼龙的进化和发展过程，它是最先能真正飞行的脊椎动物。本章详细描述了这种动物从最初出现到最后灭亡的过程中各种不同的种类。

第四章为鸟类接管天空，介绍鸟类是怎样从恐龙进化来的。这一章给大家介绍了一些人类如今已经了解的最初的鸟类，还分析了很多鸟类进化出飞行能力的方法。

第五章为会飞的哺乳动物，这一章主要讲蝙蝠。在哺乳动物中，它算是数量最大、种类最多的一种。这个种群非常吸引人，可是对人类来说，它们非常隐蔽。这一章会给大家简要介绍一下它们为了更好地适应飞行而做出的大量改变。

第六章为迁徙，主要讲的是那些会飞的动物随着季节的变化而进行的各种旅行。本章给大家介绍了它们迁徙的目的，它们所飞过的惊人的距离，还介绍了它们迁徙时的壮举。

第一章

爬行动物和飞行动物

大 气

太阳辐射大概有一半能接触到地球表面,这样就能让地球表面维持一个适合生存的温度。其他的辐射要不是被上层大气直接反射回太空,就是被用来加热距离地球表面320千米的热层了。距离地面11～48千米的地方是平流层,其中包括臭氧层。那些对人体有害的紫外线在到达地表以前,臭氧层就将绝大多数过滤掉了。从地面一直到平均11千米高的地方是对流层,云朵就是在那里形成的,天气的变化也是在那里产生的。这一层的厚度不均匀,在赤道上空的厚度是它在两极上空的两倍。在对流层里,温度会随着高度的升高而降低。在对流层顶层,可能会有高速气流形成,那种气流有480千米宽,在它的中心,风速非常快,可以达到每小时320千米。

地球表面的空气中大约有21%的氧气、76%的氮气、1%的氩气、1%的水蒸气、0.03%的二氧化碳,还有其他一些微量气体。10亿多年来,这样的空气成分都没有发生过什么变化,许多植物和动物,从出现以来就一直生活在这样的空气里。在地球历史的早期,空气的组成和现在大不一样。那时没有氧气,而有大量的二氧化碳、水蒸气和氮气。后来,细菌和单细胞植物开始进行光合作用,用阳光、水和二氧化碳来制造供给自身的养分,同时还生产出氧气,大气就慢慢地变成我们今天赖以呼吸的这个样子了。

和水比起来,空气太稀薄了,几乎不能提供机械支撑,也

地球的大气从地面一直延伸到700千米的高度,然后越来越稀薄,最后就渐渐变为太空了。不过,75%的大气质量都集中在距离地球表面11千米的高度以内,而空气中的生物大部分都生活在距离地面几米的地方。

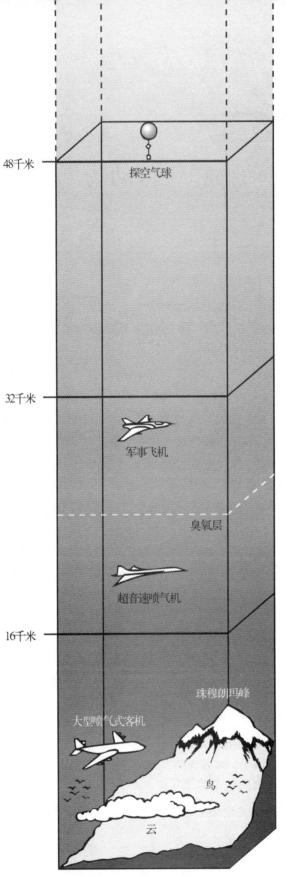

48千米 —— 探空气球

32千米 —— 军事飞机

臭氧层

超音速喷气机

16千米 ——

珠穆朗玛峰

大型喷气式客机

鸟

云

低层大气
虽然地球的大气圈从地面一直延伸到很高的地方,可是只有靠下层的大气有足够的氧气、合适的温度和气压来支持大部分的生命形式。

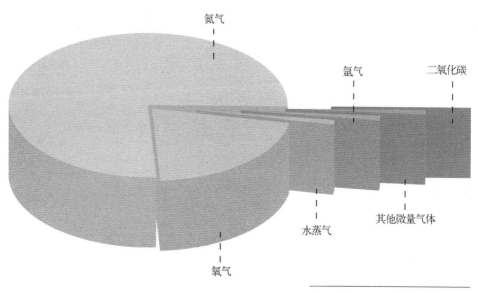

氮气

氩气

二氧化碳

水蒸气

其他微量气体

氧气

空气成分
很长一段时间以来,地球的大气都保持这样的成分组成,尽管如今的比例有一点变化。现在,大气里的二氧化碳含量正在慢慢变高,这可能和人类的活动有关。

不能很好地支撑起动物的体重。所以,动物需要有特化的宽大翅膀,才能让自己飞起来,而且能推动自己向前飞。在整个地球的历史上,只有四类动物成功地飞了起来,它们是昆虫、鸟、蝙蝠以及翼龙——它是爬行动物,但早就已经灭绝了。这四类动物的翅膀是各不相同的。

空气里的浮游生物

就像海里的水流会带走浮游生物一样，空气中的气流也能让生物运动起来。在距离地球42千米的地方，还能找到细菌。有些植物的种子自己带着"降落伞"，或是非常轻，可以被风吹走。有一些动物经常会成为"大气浮游生物"。

沙漠里时常会有一些暂时的小湖泊，卤虫就生活在那里。它们产的卵非常小、非常轻，一旦湖泊干涸，风就能把它们的卵吹到别的地方去，那里就是它们的新家。空气流动较强的时候，小飞虫和蚊子也会被吹到很高、很远的地方。蚜虫飞得很慢，它们也很容易被吹离自己的航线，吹到离地面很高的地方。这些小昆虫便是飞鸟们最主要的美食。

有时候蓟马在大气浮游生物中显得很突出，可它们不是蝇类，而是缨翅目昆虫。它们虽然小，却有着尖尖的口器，可以用来吸食植物的汁液。它们中有一些是害虫，会危害庄稼生长。它们的翅膀像

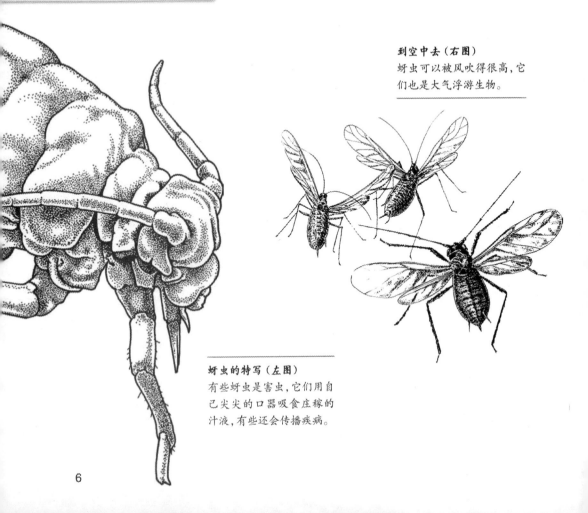

到空中去（右图）
蚜虫可以被风吹得很高，它们也是大气浮游生物。

蚜虫的特写（左图）
有些蚜虫是害虫，它们用自己尖尖的口器吸食庄稼的汁液，有些还会传播疾病。

羽毛那样柔软,在温暖无风的日子里,它们会聚集在植物的顶端,然后进行飞行。只要空气有一点点流动,就能让它们飘起来,飞到好几千米以外的地方。它们虽然很小,数量却很大。夏天,一个牧场上空可能就会有好几吨这样的小虫聚集在一起。

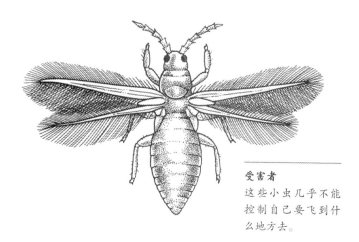

受害者
这些小虫几乎不能控制自己要飞到什么地方去。

准备起飞
这只小蜘蛛吐出了一条丝线,准备起飞。

知识窗
　　大风和暴雨可以把比昆虫大得多的动物带到天空中去。有时我们可以看到报道称,天上会下"青蛙雨""鱼雨"。其实甚至是更大的动物,就连奶牛也可能会被吹到树上去!

小蜘蛛用风来帮助它们到不同的地方去。它们先站在地面一个比较突出的地方，吐出一根线或两根丝，然后用脚爪保持平衡，等着风吹起来，就带着它们用丝做成的降落伞出发了。有时候，蜘蛛太多了，天空里就满是它们吐出来的发亮的丝线。小蜘蛛们可能会被风带到很远的地方去，有时候去的地方可能并不适合它们生活。达尔文环游世界的时候，就发现船桅上爬满了小蜘蛛，可是那时他所搭的船距离南美洲的海岸还有100千米！

蜘蛛和昆虫可能会被带到很高的山上去。有时候山顶的白雪上会满是小虫子，它们都是被风带来的，可是又跑不掉，就成了高山上鸟儿们的美餐。

会滑行的爬行动物和两栖动物

树蛙在爬树的时候经常把它们脚趾末端的吸盘张开，这样它们就可以牢牢地抓住树干。有些树蛙的脚趾之间有巨大的蹼。它们从树上跳下来或掉下来的时候，努力不让自己的身体变弯，使劲展开自己的四肢，还把自己四只脚上的蹼都张开。这样，它们掉下来的速度就会变慢，垂直落下来的时候和地面的接触也会比较轻柔，要继续移动也会更方便。有一种树蛙叫做马来飞蛙，它的降落动作非常有名，不过这样还算不上是真正的飞行，而且它也不能控制降落的方向。

准备起飞
这只翔龙张开了肋骨，这样就能在空中飞行了。

知识窗
有人看见翔龙可以在两棵树之间滑行60米。

南亚地区有几种特别的被称为"翔龙"的蜥蜴。可是它们长得和名字不太相符，它们只有20～40厘米长，而且体形很娇小。它们确实有"翅膀"，这种"翅膀"其实就是它们身体两侧的皮肤，这些皮肤可以伸展。翔龙的肋骨从身体的两侧伸出来，伸展得很长，那些皮肤就被这些肋骨拉得很大。这些肋骨可以打开、合拢，就像扇子一样。当翔龙在树枝上行走的时候，它的肋骨是合拢的。可是，当它要到另一棵树上去的时候，肋骨就会打开，这样就可以张开"翅膀"飞过去。它会用20°的角度飞过一片空地，然后落在另一棵树的树干上。翔龙能把它的降落控制得很好，而且降落时，它的头还是向上朝着树干的。像这样，一旦它降落下来，很快就又能开始爬树。

除了在降落的时候把身体变平以外，有一些树蜥蜴采用了其他办法滑行。东南亚地区的"飞壁虎"（褶虎属）的身体和尾巴边缘都有鳞片，脚趾间也有蹼，它们主要的功能是伪装。褶虎属壁虎的身上虽然没有肌肉可以让身体伸展开来，可是当褶虎属壁虎飞到地面上的时候，那些蹼也可以很好地起到降落伞的作用。

如今地球上存活的爬行动物和两栖动物中，没有一种是真正能飞的。不过，它们中的一些从树上降落的时候，可以像跳伞一样优美，有一些甚至还可以自己控制方向，向下滑行。

空中转移
"会飞"的蛇不需要下到地面，就可以从一棵树上"飞"到另一棵树上去。

适应降落
褶虎属壁虎的身体非常轻，而且身体边缘有流苏一样的鳞片，所以它们降落起来也非常轻松。

最让人想象不到的会飞的爬行动物恐怕就是金花蛇了，它们和翔龙、褶虎属壁虎一样也生活在南亚地区。它们长得又细又圆，爬树爬得非常好，可是它们有时候也会从一棵树上飞到另一棵树上去。每当这时候，它们就把自己的肋骨展开，把身体变平，同样可以降落滑行。

早期会滑行的爬行动物

翔龙现在还可以见到。它的翅膀是由肋骨支撑出来的，它的身体结构非常特化，看上去好像非常古老。不过不管怎样，它绝不是最早的会滑行的爬行动物。

科学家们从化石记录中发现，蜥蜴那样的爬行动物刚在地球上出现，它们中的一些种类好像就能在空中滑行了。它们为了适应飞行而发生的改变，和现代的翔龙惊人的相似，尽管它们和翔龙并不是近亲。

大约2.5亿年前，在现在的马达加斯加，生活着一种叫做空尾蜥的动物。这种爬行动物有着长长的尾巴，还有两排肋骨来撑开翅膀上的皮肤。它们的翅膀展开时大约有33厘米长，而这种动物的整个身体却只有40厘米长。它们很可能生活在树上，而且可以在树木之间滑行。虚骨龙生活的年代和它差不多，可是翅膀的形状却有点不一样，它的翅膀是由21对像肋骨一样的骨棒支撑起来的。

5千万年之后，又出现了和它们翅膀的基本结构一样的动物，那就是英国的孔耐蜥和北美洲的依卡洛蜥。它们的肋骨比较少，大概只有10对或11对，它们

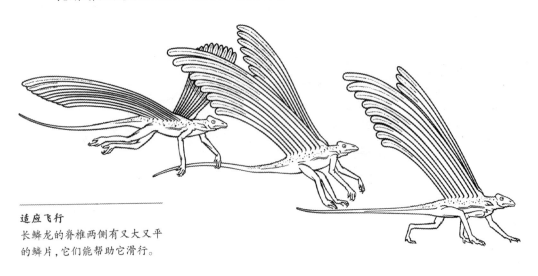

适应飞行
长鳞龙的脊椎两侧有又大又平的鳞片，它们能帮助它滑行。

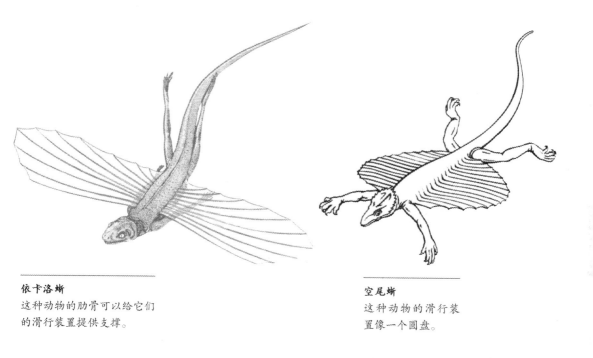

依卡洛蜥
这种动物的肋骨可以给它们
的滑行装置提供支撑。

空尾蜥
这种动物的滑行装
置像一个圆盘。

支撑着一张用来飞行的皮膜,这张膜非常坚韧。

在大约同时代的中亚地区,有两种爬行动物却用完全不同的方式来飞行。其中一种叫做长鳞龙,得名于靠近它脊椎的地方有一些特别长、特别平的鳞片,这些鳞片比它的身体还长。当它休息的时候,这些鳞片就合拢于背部;可是一旦要飞的时候,它们就向两边展开,变成翅膀。有些人不同意这种说法。他们认为,在飞行的时候,鳞片根本不起什么作用,这种构造就是用来向异性展示和调节体温的。不过,一种构造当然可以有好几种用途。比如现在还活着的翔龙,它们肋骨间的皮肤非常鲜艳夺目,求偶的时候就用它来讨异性的欢心。而飞行的时候,这些皮肤的作用也是很大的。

沙洛维龙有着长长的后腿和尾巴,在它后腿的末端和尾巴的根部之间,有皮质的蹼。现在还不知道,它的前腿上是不是也有这样的蹼。这种25厘米长的小动物飞起来的时候,有点像一张被扔出去的纸。有些科学家说,这种长长的后腿和短短的前腿很不适应爬树。不过有些会爬树的哺乳动物也有这样的腿,它们常常紧紧抱着树干,而不是在树枝上跑。沙洛维龙可能也和它们一样,常常用后腿起飞,然后采用滑行的办法,在树木之间来往。

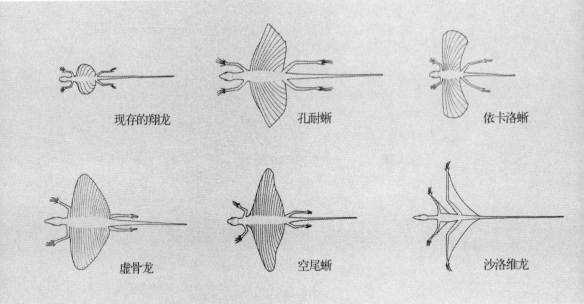

现存的翔龙　　　　　孔耐蜥　　　　　依卡洛蜥

虚骨龙　　　　　空尾蜥　　　　　沙洛维龙

　　这些会飞的爬行动物的化石告诉我们，它们的共同点就是它们都是小动物，如长鳞龙只有12厘米长。一般说来，脆弱的小动物不像大恐龙那样容易变成化石，那么，到底还有多少会飞的爬行动物是我们不知道的呢？

鼯　鼠

　　所谓的"飞松鼠"生活在中美洲、北美洲和亚洲北部，不过它们在南亚和东亚地区最常见。其实它们和松鼠一点关系也没有，和老鼠反倒是近亲。鳞尾鼯鼠科中一共有7个种，其中有6个种都会滑行，它们生活在非洲的森林里。

　　鼯鼠的身体两旁有一层毛茸茸的皮肤，那是它们的副翼，连接在前面真正的翅膀上。有几种鼯鼠的副翼更加宽大，一直延伸到它们的脖子和尾巴上。对真正的鼯鼠来说，它们爪子的关节上长着一块软骨，这块软骨对它们的副翼起着支撑作用，副翼要张开的时候，也靠这块软骨来带动。对于鳞尾鼯鼠来说，同样的任务由肘关节上的一块软骨来完成。它们的副翼上长有肌肉，

大约有50种啮齿动物可以通过滑行翼在空中飞行，其中大多数都是真正的松鼠。

12

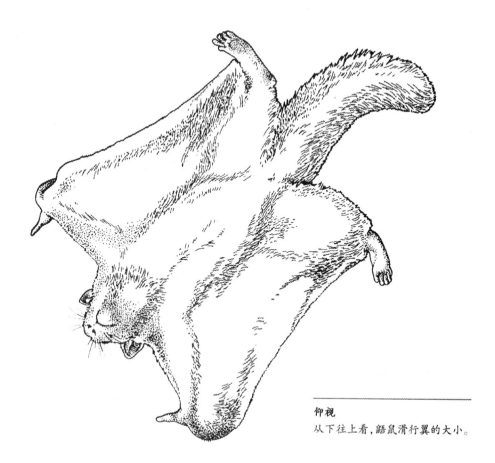

仰视

从下往上看，鼯鼠滑行翼的大小。

肌肉的收放可以控制副翼的开合。

　　鼯鼠起飞的时候要先跳一下，那些体形比较大的鼯鼠滑行的距离竟然可以长达450米。它们通过改变翅膀的位置和副翼的形状来调整方向或转弯。当它们快到目的地的时候，就把尾巴垂下来当刹车，然后把头抬起来。如果有必要的话，也可以准备下一次起跳。毫无疑问，很多鼯鼠对自己的飞行都控制得很好。

　　所有的鼯鼠都是晚上才出来活动的，白天的时候，它们就在树洞或巢穴里休息。它们吃的是坚果、种子、花、叶子，有时候还吃昆虫，尤其是那些小个子的鼯鼠，它们最喜

你知道吗

　　为什么它们都在晚上飞行呢？鼯鼠这种夜间活动的习惯是不是可以保护它们不被那些白天活动的食肉动物（比如老鹰）吃掉呢？此外，猫头鹰也是它们要躲开的对象。在美国南部，有一些小型的鼯鼠落地的时候，常常要围着树绕圈，跑到树的另一边去。它们这样做，是不是为了防止猫头鹰的突然袭击呢？

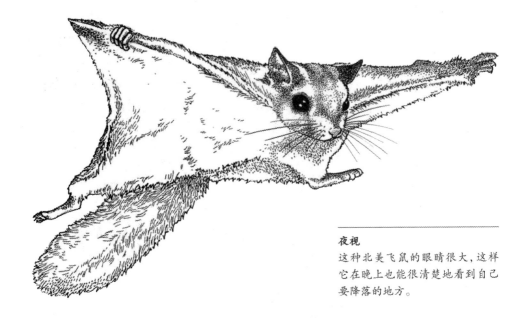

夜视
这种北美飞鼠的眼睛很大,这样它在晚上也能很清楚地看到自己要降落的地方。

欢吃昆虫。小型鼯鼠即使加上尾巴,也只有8厘米长。而大型鼯鼠中最大的种类,加上尾巴有61厘米长,重量也可以达到2.3千克。

大部分鼯鼠每次产崽都不会很多,那些小鼯鼠生长得很慢,它们一旦断了奶,就必须要学会飞。大多数鼯鼠都生活在温暖的丛林里,但是也有鼯鼠生活在凉爽的亚洲针叶林里,还有的甚至生活在喜马拉雅地区的针叶林里。白天,它们就躲在高高的悬崖上的山洞里睡觉。

有袋滑行动物和猫猴

除了鼯鼠和鳞尾鼯鼠以外,还有两种哺乳动物也能滑行。一种是生活在东南亚地区的猫猴;还有是生活在澳大利亚的一种负鼠,为了飞行,它也进化出了一张滑行翼。

猫猴是一种大小和猫差不多的哺乳动物。人们已经找到了五千万年前的猫猴化石。现代分子学研究的证据表明,这种动物和狐猴、猴子是远亲,可是在哺乳动物的谱系中,我们却很难给它们找到一个恰当的位置。猫猴的滑行翼在哺乳动物里是最宽大的,从脖子开始,一直到尾巴,还沿着四肢一直延伸到手指和脚趾的最末端。它们在树间的滑行距离可以超过130米。猫猴总是在白天睡觉,到了晚上,它们就从树上

会滑行的有袋负鼠
它生活在澳大利亚的森林里,很善于爬树。这种有袋动物经过进化,也能在空中滑行。

起飞,去找吃的。

猫猴吃的东西主要是树叶,它们有着特别发达的胃和长长的肠子,用来消化这样的食物。它们经常倒挂在树枝上,爬树也爬得很好。猫猴妈妈一次只生一只小猫猴,小猫猴长得很慢,妈妈的滑行翼就是它温暖的摇篮。

总的来说,澳大利亚是一块干燥的大陆,但那里却有一大片原始森林,森林里有世界上最高的树。这片地区非常容易地进化出了善于爬树的动物,不过有三种有袋动物的进化更进一步,它们的家族里进化出了会飞的成员。

会滑行的有袋负鼠也是一种身上长着口袋的动物,有些地方和猫猴很相似。它也吃树叶,然后让食物在肚子里发酵,从中汲取营养。它的滑行翼从肘关节一直延伸到踝关节,可是滑行起来却很笨拙。它的尾巴有点长,身体加上尾巴有48厘米长。独生的小负鼠要在妈妈的口袋里待上6个月,即使出来了以后,还要骑在妈妈的背上。

我在练悬垂
一只猫猴挂在树枝上,向我们展示它那一直连到尾巴上的、大大的滑行翼。

知识窗

和其他会滑行的哺乳动物一样,澳大利亚的有袋负鼠也是晚上才出来活动的。

还有一些会滑行的动物靠吃树汁和树胶里的糖来生存，如蜜袋鼯。它们是中等大小的滑行动物。最小有袋滑行动物是侏儒袋鼯。这种动物的身体部分只有8厘米长，可它们的尾巴也有8厘米长，重量几乎不到28克。它可以滑行20米，是吃花蜜的专家，它的舌头末端长得像一把小刷子，舔起花蜜来很方便。另外，它还吃花粉和昆虫。

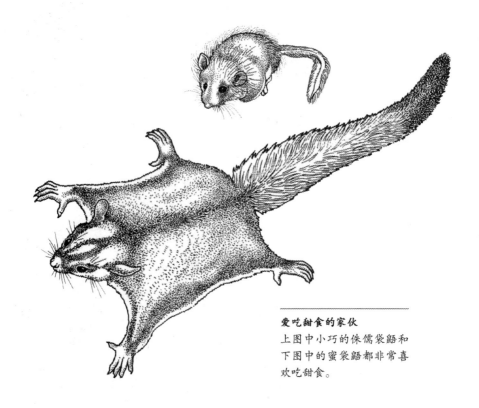

爱吃甜食的家伙
上图中小巧的侏儒袋鼯和下图中的蜜袋鼯都非常喜欢吃甜食。

第二章

最初的飞行家

最先学会飞的昆虫

在距今3亿年前的石炭纪晚期，原始的蜻蜓就已经出现了。它有着70厘米长的翅膀和与之相配的苗条身材，它拍着翅膀，在沼泽上空翩翩飞过。

大约4.5亿年前，陆地上就有了类似倍足纲动物的生物。再晚一点，一种处于倍足纲动物和昆虫之间的动物出现了。有些科学家认为，它们可能是昆虫的祖先。它们的身体和昆虫一样可以分成头部、胸部、腹部三节，可是它们的腿有11对，昆虫只有3对。

又过了几百万年，像跳虫那样的原始昆虫出现了。不过，和现在的跳虫一样，它们是没有翅膀的。尽管如此，在某些地方，昆虫的翅膀已经开始慢慢成形。

昆虫的祖先，像甲壳纲动物一样，它的每条腿可能有两个部分：下面那一部分是用来走路的腿，上面那一部分原来很可能是鳃，后来变成了一种静止的、像帆一样的东西。也许这些"帆"可以帮助这些昆虫轻轻掠过水面，甚至有时候还能帮助它们滑行一小段距离。当肌肉和关节发展到一定程度的时候，它就可能长出翅膀来。

所有昆虫的翅膀基本上都是由上下两层非常薄的皮肤构成的，这两层皮肤是从身体两边长出来的，由一些管子组成的一个网络支撑着。这些管子叫做翅脉，它里面有血液，可以给昆虫们提供力量。那些最早的昆虫，比如现在的蜻蜓，它们的翅膀都只能很僵硬地从身体两边伸出来。到了石炭纪的末期，

在化石记录中，有翅膀的昆虫出现得很突然。令人惊奇的是，它们有些拥有已知最大的昆虫翅膀，比现在任何一种昆虫的翅膀都大。

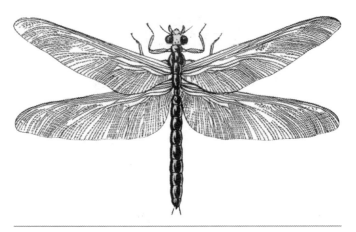

大尾蜻蜓（上图）
这种巨大的蜻蜓生活在石炭纪，它是现在已知最大的昆虫之一。

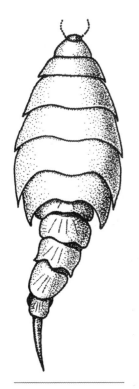

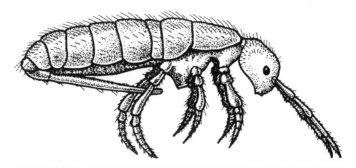

倍足纲动物（左图）
像这样的动物可能就是
昆虫的祖先。

跳虫
它可以用折叠起来藏在身子下面的尾巴来帮助它跳跃，像它这样没
有翅膀的昆虫早在好几亿年前就存在了。

知识窗

　　对于蜻蜓和其他一些原始昆虫来说，它们四个翅膀中的每一个都有一组独立的肌肉，而它们的两对翅膀扇动起来可能也不是同步的。它们的身体两侧有活动中枢，翅膀就长在上面，可以直接通过肌肉拉动它们的翅膀。一块肌肉把翅膀拉起来，另一块肌肉就把翅膀放下去。更"先进"的昆虫可能会采用另一种不同的办法来给翅膀提供动力，不过蜻蜓这种落后的飞行装置足以让它们盘旋、飞得快，甚至捉到那些更强壮的昆虫当作美餐。

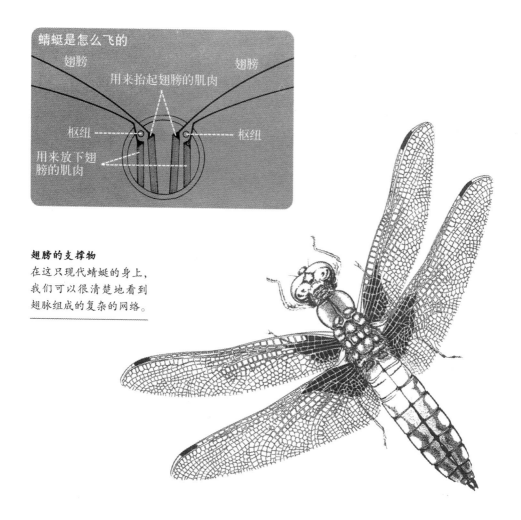

蜻蜓是怎么飞的

翅膀　　　　　　　　　　　　　翅膀

用来抬起翅膀的肌肉

枢纽　　　　　　　　　　　　枢纽

用来放下翅膀的肌肉

翅膀的支撑物

在这只现代蜻蜓的身上，
我们可以很清楚地看到
翅脉组成的复杂的网络。

才出现了那种可以把翅膀合拢收拢在身上的螳螂，这是现代昆虫的典型特征。
这样它们就可以挤进那些狭窄的空隙或是栖息地。如果它们长着硬翅膀，这些
地方是进不去的。

进一步进化的昆虫还削减了由翅脉构成的"网"，这样它们就可以以最少的
消耗，得到更大、更强有力的支撑。

昆虫的翅膀

昆虫和其他会飞的动物不一样的地方，就是昆虫的翅膀上没有肌肉。实际

像大多数的翅膀（不论是飞机的还是鸟的）一样，昆虫翅膀的基本构造也像是一个机翼。翅膀的这种形状可以让从它上表面经过的空气的速度和距离比从它下表面经过的要大。这种构造可以减少翅膀上面的压力，这样就能实现"上升"的目的，而"上升"在飞行中是最基本的。昆虫的翅膀比飞机的机翼要平整得多，可是它一旦飞起来，翅膀就会变弯，变成机翼那样利于飞行的形状。

上，大部分"高级"昆虫，它们用来掌管飞行的肌肉都不是直接连在翅膀上的。它们的翅膀根部长在胸部的顶端和身体两侧之间。肌肉从胸部的上部一直延续到底部，当肌肉收紧的时候，翅膀就抬起来了。其他的肌肉沿着胸部垂直向下延伸，当翅膀抬起来的时候，它们被拉长了，但是当垂直的肌肉放松的时候，它们就变短了。昆虫胸部的顶端向上拱起的时候，翅膀就向下拍。

尽管掌管飞行的肌肉并不直接连在翅膀上，但是很多昆虫都有一些小肌肉来调整翅膀展开的角度。

很多昆虫都靠翅膀末端储存能量的装置来帮助它们飞行。昆虫每次扇动翅膀，这个装置都可以给它们提供一个有弹性的后坐力，为下一次扇动翅膀准备动力。胸部的某些部分是由一种弹性蛋白构成的，这种蛋白质有橡胶那样的特性，有了它，翅膀就可以弹回来。有些昆虫，比如苍蝇，它们的翅膀在每次扇到一半的位置时是不固定的，而每次扇动的结束位置是固定的，所以它们的翅膀在每一次扇动快要结束的时候，好像总是"咔嗒"一声就扇到那个位置上去了。因为有了这些特征，昆虫扇动翅膀需要的力气就会小一点。

关于昆虫的飞行还有很多秘密等着我们去发现。它们的翅膀在盘旋、直飞的时候做出的很多种复杂的运动还很难用空气动力学中的术语来解释。

另外，对小型昆虫来说，虽然它们那些对飞行很重要的动力装置和结构设计和人类大型的机器，比如飞机不一样，不过成千上万种已知的昆虫已经很好地向我们展示了它们的飞行能力，这就很有效地解释了它们的飞行是多么的成功。

知识窗

我们的肌肉每次收缩的时候需要神经给它一个信号（蝗虫那样的昆虫也是这样），可是对很多昆虫来说，一个单独的神经刺激就能让它们掌管飞行的肌肉有节奏地收紧和放松。要保持这种方式只需要断断续续的信号就可以了。比如一只苍蝇每秒钟可以扇动翅膀120次，可是每秒钟只需要3个信号就能让这个活动继续下去。

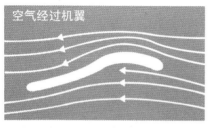

空气经过机翼

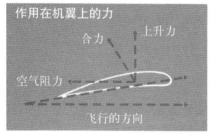

作用在机翼上的力

合力　上升力

空气阻力

飞行的方向

昆虫是怎么飞的

翅膀向上抬起的时候,胸部的顶端被垂直的肌肉往下拉,纵向的肌肉是放松的。翅膀放下来的时候,垂直的肌肉放松了,纵向的肌肉开始收紧。

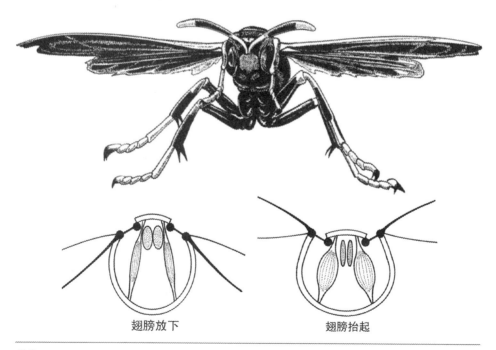

翅膀放下　　　　翅膀抬起

横截面

昆虫的胸部在翅膀放下和翅膀抬起时的样子。

恒温飞行者

人们通常认为昆虫是冷血动物，它们身体的温度由它们身边的环境决定。这种说法一般没错，但是，当它们要飞行的时候，有些昆虫的体温就会变得惊人的高，不过它们可以把体温控制在某个范围内。

掌管飞行的肌肉的重量在昆虫的体重中，占了至少1/3，肌肉纤维也相应地比较大。肌肉细胞里有很大的线粒体，线粒体是细胞的"发电站"，它是给细胞呼吸提供氧气的地方。有些昆虫掌管飞行的肌肉用起氧气来好像比其他任何动物组织都要快。天蛾在飞行的时候使用氧气的速度比它休息的时候快100倍。会飞的昆虫里面最强壮的那些，比如天蛾、大黄蜂，它们辛勤工作的时候，肌肉温度竟然高达40℃，便也没什么好奇怪的了。

实际上，很多昆虫在起飞以前都要先让它们管飞行的肌肉热起来，达到飞行所需的温度，它们常用的办法是晒太阳或者是让这些肌肉振动起来。大黄蜂、蛾子和其他昆虫的胸部长着带毛的鳞片，这些鳞片就像

飞毛腿（左图）
马蝇是飞得最快的昆虫之一。

适应寒冷的天气（右图）
大黄蜂飞行的时候体温很高，在寒冷的天气里，这就比其他的昆虫有优势。

一件大衣一样保暖。长途飞行的时候，昆虫们可能要把它们的血液集中到腹部来散热。

胸部那些管飞行的肌肉被泡在血液里，这样它们很快就有了充足的能源。有些昆虫的血液里充满了糖分，它们马上就能提供能量，不过这种能量用起来也特别快。一只蜜蜂大约在几分钟内就能用完身体里的能量，所以它必须不停地从花朵里吸取花蜜来补充能量。有些飞虫用脂肪的形式储存能量，脂肪每次都要先转化成糖分才能使用，用这种办法提供的能量要经过浓缩。蝗虫这种要迁徙的昆虫就是采用这种办法来储存能量的，它在长途飞行的时候，每小时消耗的能量只是它体重的1%。

知识窗

有些蝴蝶飞行的时候每秒只扇动几次翅膀，天蛾每秒可以扇动90次，大黄蜂每秒130次，蜜蜂每秒225次，有些蚊子竟然可以达到每秒1000次！飞行速度一般很难测量，一些昆虫可以达到每小时68千米，蜜蜂每小时肯定能飞25千米，天蛾和马蝇每小时可以飞40千米。

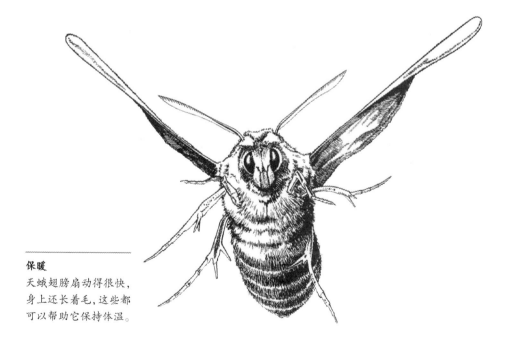

保暖

天蛾翅膀扇动得很快，身上还长着毛，这些都可以帮助它保持体温。

巨大的翅膀

蝴蝶和飞蛾的翅膀在昆虫里是最大的。

一般说来，飞蛾和蝴蝶扇动翅膀的速度比其他昆虫要慢。它们中间有一些飞得摇摇晃晃的，可是也有一些飞得很好，尤其是那些后面的翅膀又宽又大的大型品种。前翼和后翼连在一起，作为一个整体来工作。蝴蝶是用后翼前方一个凸起的圆片和它那叠在一起的前翼相连。飞蛾则用后翼上一些特殊的刚毛来钩住前翼。

有些蝴蝶能飞得很远，虽然它们看上去像是飞飞停停的，但是它们要吃东西的时候，就会又轻又准地停在花朵上。飞行的时候航线掌握得最准确的就是飞蛾了，比如飞蛾可以一边飞，一边把它长长的吸管伸到花心里去吸花蜜。当它们要盘旋的时候，翅膀就水平地前后扇动；当它们要往上飞的时候，翅膀就变成上下扇动了。

飞蛾和蝴蝶的翅膀一个很重要的特征就是颜色，在它们的翅膀上有很多非常小的鳞片，颜色就是从鳞片上来的，比如硫黄色的蝴蝶，翅膀上就有红色和黄

知识窗

有些蝴蝶和飞蛾有着很抢眼的图案，这种图案常常是眼睛的形状，当它们受惊吓的时候，就扇动翅膀，"眼睛"看起来就一闪一闪的，这样可以吓跑像鸟类那样的肉食性动物。

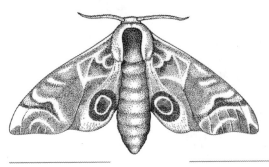

有眼睛的天蛾（左图）
天蛾翅膀上的"眼睛"
是一个保护装置。

小心有毒！（右图）
海里克尼德蝴蝶的翅膀上
有着非常鲜明的警告性的
红色、黄色和黑色图案。

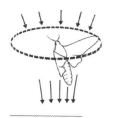

盘旋
飞蛾飞行时翅膀的扇动情况。

飞行
飞蛾翅膀不论向上扇还是向下扇，都能让它上升。

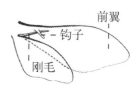

连起来的翅膀
一根真正的刚毛卡在前面的钩子上。

色的色素。还有另外一种情况，颜色是由鳞片上那些非常细小的层次反光造成的，生长在热带的大闪蝶身上那种亮闪闪的蓝色和绿色，就是这样来的。

很多温带的蝴蝶翅膀朝上的那一面颜色很暗，朝下那一面颜色却很亮。因为蝴蝶要飞的时候，得把翅膀朝上的那一面伸展在太阳下，这样才可以得到适合飞行的温度。当它们休息的时候，就把翅膀合拢放在背上，这样容易反光的一面就露出来了，大多数蝴蝶休息的时候都是这种姿势。

颜色还有很多其他用途，比如它还可以帮助蝴蝶认出它们的同类，有些蝴蝶看起来没有颜色，可是在蝴蝶自己看来，那都是有颜色的。就拿白蝴蝶作个例子吧，在光谱的紫外部分有很强烈的图案，这种光谱人们是看不到的，可是昆虫却能看见。有些昆虫的雄性和雌性颜色是不一样的，这样它们配起对来就很方便。比如蓝蝴蝶，它们中间雄性的是亮蓝色，雌性的颜色就有一点带棕色。

颜色还常常可以给飞蛾和休息的蝴蝶提供完美的伪装，它们的颜色和图案总是和它们休息的环境相近。有些昆虫身上的图案还可以提醒别人自己是有毒的，或者让别的动物认为自己的味道实在不好。

皇蛾
它是世界上最大的昆虫之一，翅膀张开来可以有30厘米宽。

双翅昆虫

昆虫一般都有两对滑行翼，可是人们发现苍蝇只有一对翅膀，这个特点可以从它的属名里看出来，它属于双翅目，就是有两只翅膀的意思。苍蝇这对翅膀的作用相当于其他昆虫前面的那对翅膀，不过后面那对退化的翅膀也保留了下来，而且它们也起着很重要的作用。

双翅昆虫（苍蝇、蚊子之类的昆虫）身后那对翅膀被简化成了一对肉茎，上面有两个按钮形的凸起，这就是我们说的平衡棒，它们可以帮助苍蝇飞得更平稳。飞行的时候，平衡棒会上下摆动，摆动的频率和那对真正的翅膀是一样的，可是那个按钮形的末端很重，当苍蝇改变方向的时候，平衡棒还要指着原来的方向，要过一小会儿才能转过来，这样一来，平衡棒根部的表皮就会被拉紧。苍蝇的感觉细胞侦察到这种情况，就会

起飞
在这个顺序里，花虻的翅膀每秒钟要扇动100次以上。

向中枢神经系统传递信息,这样就可以做出必要的调整来保持身体的平衡。平衡棒的作用就像是飞机的回转仪一样。

　　在大型的双翅昆虫身上,平衡棒很容易看见,比如说有一种腿很长的蚊子叫做大蚊,它的平衡棒就很容易看见,可是小型两翼昆虫的平衡棒就很难看得见了。不过即使是最小的蚊子身上也有平衡棒。有了平衡棒和翅膀(它们身上有一种装置能让它们更有效地工作),再加上它们快速振动的肌肉,双翅昆虫可以称得上是精于飞行之道的昆虫了。它们可以在空中翻跟斗,可以侧滑,可以躲避,而且它们大多飞得很快。当它们要在天花板上降落的时候,还可以很快地把身子上下颠倒过来。

　　那些没有平衡棒的昆虫是怎么控制它们飞行姿势的呢? 它们的办法没那么精密复杂,可是也挺管用:它们有一个系统可以保持眼睛上部一直对着光线,

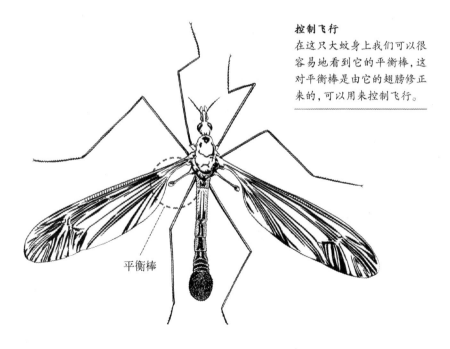

控制飞行

在这只大蚊身上我们可以很容易地看到它的平衡棒,这对平衡棒是由它的翅膀修正来的,可以用来控制飞行。

平衡棒

如苍蝇可以用这个办法保持它的头部上方一直向上。如果身体和头不在一条直线上，脖子上的传感器就会发出信号，翅膀就会进行调整，把它拉回来，有时候甚至要让它调个个儿。

藏起来的翅膀

像双翅昆虫一样，甲虫只用一对翅膀来提供它们飞行时的动力。

对甲虫来说，后面那对翅膀被保留了下来，作为飞行翼，前面那对翅膀的功能也发生了一些改变。前面一对翅膀发展成又坚硬又结实的鞘翅，也就是翅鞘，相当于在甲虫的身体外面披上了一层盔甲。

拥有飞行功能的翅膀有很多褶皱，可以折叠，一般是紧贴着身体在鞘翅下面折叠起来。绝大部分的甲虫都能飞行，而且有些甲虫还飞得相当好，但是因为我们见到它们的时候，它们往往是在爬行或者挖洞，所以我们常常忘了这一点。当一只甲虫准备起飞的时候，就把它的鞘翅抬起来，从它身体两侧转开。接下来那对真正的飞行翼从下面被打开，如果完全打开可能会有大得惊人的表面积。有些甲虫体积很大，因此需要翅膀有很大的飞行面积才能够飞离地面。如果人的眼睛看得够快的话，我们就能够很清楚地看到瓢虫（一种甲虫）的起飞过程。

飞行的动力
下图中的甲虫身后那对翅膀发育得很完好，即使是鞘翅很短的隐翅虫也不例外。

隐翅虫

兵虫

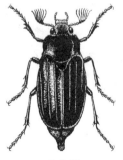

金龟子

在飞行的时候，鞘翅会僵硬地翻在外面，和身体形成某个角度。当甲虫飞行的时候，鞘翅也许可以给它提供一些向上的推力，但是所有扇动的任务都是由那对真正的翅膀来完成的。像金龟子等一小部分甲虫，它们飞行的时候可以把鞘翅关上，只展开翅膀，可是这种方式并不常见。绝大部分甲虫，当它们不飞行的时候，鞘翅是向下折叠的，覆盖住整个身体。像金龟子等一小部分甲虫，鞘翅虽然不能覆盖它的整个腹部，却可以一直保护着翅膀。对那些不会飞的甲虫来说，在它们身后那对翅膀消失了的地方，一对鞘翅结合起来，变成了一个坚硬的盾牌。一般来说，发育完好的翅膀是藏在一对坚硬的鞘翅下面的。

世界真奇妙

萤火虫是一种与众不同的甲虫。雄性的萤火虫和一般甲虫一样，既有翅膀又有鞘翅，它们晚上飞出来寻找异性。而雌性萤火虫则完全生活在陆地上，它们既没有翅膀也没有鞘翅。它们的外表很像幼虫，在腹部的末尾，有一个器官可以发出亮光。这样飞行中的雄性萤火虫就能够在草丛中找到它了。

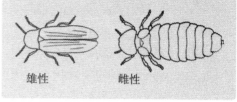

雄性　　　　　雌性

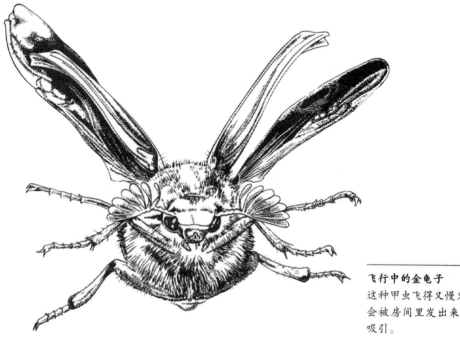

飞行中的金龟子
这种甲虫飞得又慢又笨，经常会被房间里发出来的光亮所吸引。

第三章

脊椎动物征服天空

翼龙的进化

我们知道的最早的翼龙生活在22亿年前，它们已经飞得很好了。在爬行动物向会飞的动物进化的过程中，还有哪些动物呢？至今为止，人们还没有发现能够表明这一阶段进化情况的动物化石。因此我们不能肯定地说早期的爬行动物就是翼龙的祖先。恐龙、鳄鱼和蜥蜴很可能来自谱系树上的同一个分支。生活在25亿年以前的那种后来进化到翼龙的动物，很可能是按照它们独特的方式进化的。

翼龙的祖先可能是某种生活在树上的爬行动物或者滑行动物，为了适应在空中滑行，它们前肢的指头和前臂上的肌肉逐渐变得很特殊，直到它们能够扇动着翅膀飞行。它们的翅膀是由皮肤构成的，可能主要由手臂支撑，尤其是很有可能由一根特别长的指头来支撑。我们知道的翼龙大约有70种。由于飞行的动物和其他动物比较起来相对脆弱，所以它

> 翼龙是能够飞行的爬行动物，它和恐龙生活在同一个时代，6 500万年以前它们都灭绝了。

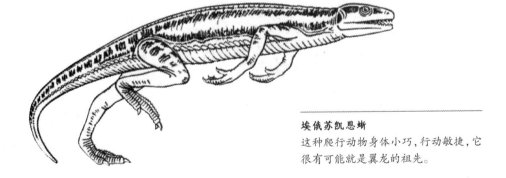

埃俄苏凯恩蜥
这种爬行动物身体小巧，行动敏捷，它很有可能就是翼龙的祖先。

们大部分都没有作为化石保存下来,因此在翼龙1.6亿年的历史上,很可能还有许多其他的翼龙种类。我们知道的翼龙中间,它们的体形差异特别大,小的可能只有金丝雀那么大,大的有可能是历史上最大的会飞的动物。

早期的翼龙有很长的尾巴。和它比起来,出现在1.55亿年以前的翼手龙简直就像是没尾巴一样。在距今1.45亿年前的侏罗纪晚期,长尾翼龙灭绝了,翼手龙开始统治天空,一直到6 500万年前它们突然灭绝为止。生活在最晚期的翼龙是所有已知翼龙中最大的一种。

由于现在没有和翼龙有亲缘关系的动物存活下来,我们很难清楚地知道翼龙是怎么飞的,它们飞得怎么样?它们是冷血动物还是热血动物? 它们吃

啄嘴龙

下图中这种特殊类型的翼龙在1.5亿年以前很普遍,从它的牙齿我们就可以推测它的食物是鱼类。

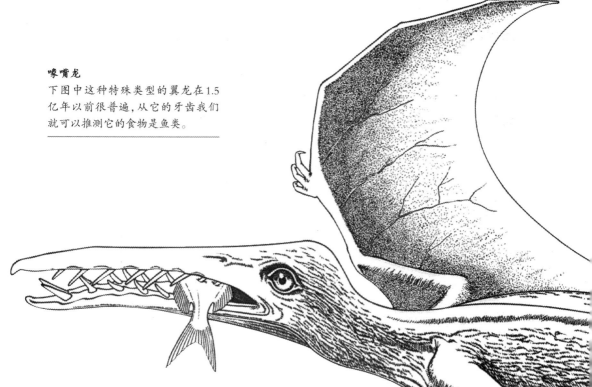

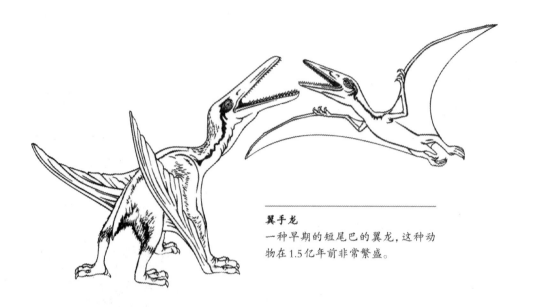

翼手龙
一种早期的短尾巴的翼龙,这种动物在1.5亿年前非常繁盛。

的是什么?它们能在陆地上行走、奔跑吗?它们在陆地上是不是就变得很没用了?科学家们已经为这些问题争论两百年了,有些问题的答案我们已经知道了,但是还有许多问题科学家们有着不同的意见。

翼龙的翅膀

在有些翼龙的化石里,我们可以看到它的飞行翼。它从第四根指头的末端开始,横穿过身体的一侧,然后沿着后腿向下,一直延伸到膝盖下面。翼龙的翅膀是由坚韧的皮肤和加固的纤维构成的,只在前面的边缘有骨头。

翼龙的第四根指头有四块骨头(也就是指骨),每一块都延伸得很长。它们紧紧地结合在一起,所以翼龙的指头不会弯曲弯折。指头的根部和手掌的骨头(相当于人手手腕的骨头)之间有一个旋转的关节,这就使得翼龙的指头可以作为一个整体自由折叠回身上,当它不飞行的时候,指头的顶端指向上方。在翅膀的前端,有一小块翅状的骨头从翅膀中伸出来,这块骨头可以在它和腕关节的接点处自由移动。翼

翼龙的第四根指头单独占去了它翅膀一半以上的长度。除了这根伸得特别长的指头以外,翼龙还长了三根指头,但它们比第四根指头短得多,这三根指头上有爪子,这样翼龙就能够紧紧抓住东西。

喙嘴龙
翼龙翅膀上那层坚韧的皮肤
是由前端的骨头支撑着的。

知识窗

翼龙的骨头很轻但是很结实。许多大骨头中间是空的，里面有空气。对于最大的翼龙来说，它最长的骨头内壁很薄，里面很大一部分都是空气。但是，骨头内部有很多细细的支柱纵横交错，这样当骨头受到压力的时候，它正好可以提供支撑。

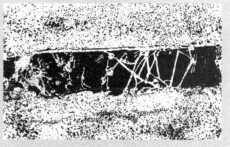

截面
这是一个沿着翼龙骨头纵向剖开的截面，我们可以看到支柱和中空的地方。

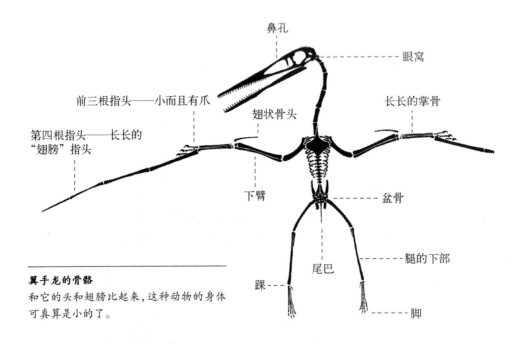

鼻孔

眼窝

前三根指头——小而且有爪

翅状骨头

长长的掌骨

第四根指头——长长的
"翅膀"指头

下臂

盆骨

腿的下部

踝

尾巴

脚

翼手龙的骨骼
和它的头和翅膀比起来，这种动物的身体
可真算是小的了。

龙的手臂前面长着一小块飞行翼，它把翼龙的腕关节和身体连接起来。刚才提到的那块小骨头可以让这块飞行翼变硬，在需要的时候还可以改变它的角度。翼龙翅膀中的肌肉长在手臂的上半部分，一直延伸到翼龙胸部的骨头上。鸟类胸部的骨头足够大，可以支撑这些肌肉，但是翼龙缺少像鸟类胸骨中间下方的龙骨突那样的骨头。作为替代，翼龙长着一块可以上下移动的冠状的骨头。翼龙上臂的骨头（也就是肱上骨）也有一块很宽阔的皮肤来连接强有力的飞行肌肉。为了增加力量，翼龙肩部的骨头是合在一起的。在某些种类的翼龙身上，一部分后背上的骨头也是合在一起的。

翼龙的后腿很小，也不是特别强壮，这和它巨大的翅膀形成了强烈的对照。尤其是后期的一些翼龙，在陆地上它们的腿甚至支撑不了自己身体的重量。

长尾翼龙

化石记录中的所有早期翼龙都有很长的尾巴。

当早期的长尾翼龙飞行的时候，尾巴可以起到保持身体稳定的作用。翼龙的尾巴末端有一片竖起来的像螺旋桨的叶片一样的东西，它能让长

矛颌翼龙

这种翼龙生活在2亿年以前,它的尾巴非常长,尾巴的末端有一个像螺旋桨的叶片式的东西。

尾翼龙飞得更稳定。尾巴上最开始的那几块椎骨可以正常地运动,但是剩下的(一直到第40块)因为有很长的骨头突出来,所以不能弯曲。这样它的尾巴就是硬邦邦的。这种动物的头部和身体在一条直线上。

所有的长尾翼龙颚上都有牙齿。一般说来,这种类型的牙齿都很锋利,捕起鱼来很方便。已知最早的翼龙——真双齿翼龙,它的颚上有两种类型的牙齿:前面和中间是长长的犬牙,后面的牙齿比较小,有很多突出的尖角。它们好像是以鱼类为食物的,因为在它们的某些胃部化石中发现了残留的鱼类痕迹。牙齿的磨损痕迹可能是它们在捕捉那些鱼鳞很硬的鱼类时留下的。真双齿翼龙的翅膀展开以后大约有1米长。有些长尾翼龙的比较大,有些比较小。有些种类的喙嘴龙翅膀展开后甚至能够达到1.75米,而其他一些种类的则只有40厘米长。与真双齿翼龙一样,我们在喙嘴龙的标本体内也发现了残余的鱼类痕迹。

知识窗

无颚龙是翼龙属中比较奇怪的种类,它是一种"长尾巴"的翼龙,但是它的尾巴却简化得很小,就像一段树桩一样。无颚龙的体形比较小,飞起来很敏捷,和身体相比,它那50厘米的翅膀就显得很长了。它的头又短又宽又深,眼窝很大,牙齿像钉子一样坚固。它可能以昆虫为食,而且是用翅膀来捕捉昆虫的。

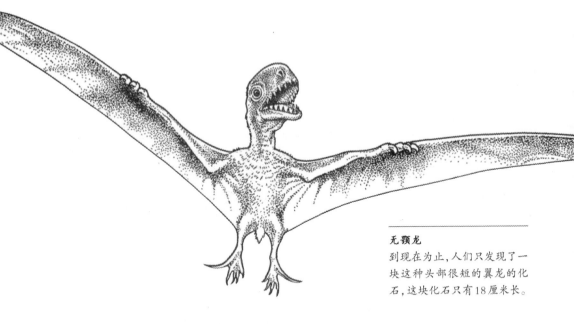

无颈龙

到现在为止，人们只发现了一块这种头部很短的翼龙的化石，这块化石只有18厘米长。

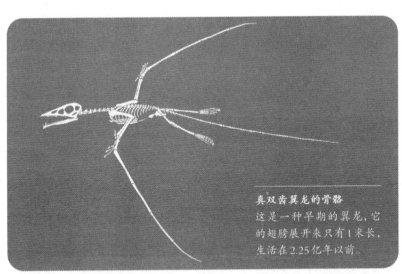

真双齿翼龙的骨骼

这是一种早期的翼龙，它的翅膀展开来只有1米长，生活在2.25亿年以前。

翼龙属的大多数种类都是自主飞行者，它们首先扇动翅膀进入空中，然后向前飞行。但是，翼龙属后期的某些种类，比如喙嘴龙，它们的翅膀又细又长，可能也很擅长在空中翱翔。人们估计它们的重量大约只有海鸥的一半，可是它们的翅膀打开却和海鸥差不多。

翼手龙

和鸟类的头部一样,翼手龙的头和脊椎之间有一个角度,它们的颚变得很长。不同种类的翼手龙,它们的牙齿也有很大区别,有些有专门的牙齿,有的则完全没有牙齿。典型翼手龙的牙齿长得非常适合吃鱼。

有些翼手龙体形比较小,有一种早期的翼手龙长得很精巧,它的翅膀伸展开只有25厘米长。它可能是以昆虫为食,也吃一些小的鱼类。早期的小型翼手龙可以拍动翅膀,机动灵活地飞行。而后期的翼龙,体形一般都比较大,比如无齿翼龙,它的翅膀展开有9米长。它们的翅膀和身体的比例与长尾翼龙不同,它们腕关节的骨头延伸得更长,同时,第四根指头的长度和翅膀总长度的比例也变小了。它们的飞行模式是一样的,但是对体形大的种类来说,如果可以的话,它们总是采用翱翔的方式来飞行,不愿意拍着翅膀飞。和翅膀比起来,它们的身体显得比较小。例如,古魔翼龙的身体有24厘米长,但是它的翅膀展开来比它的身体要长17倍。因此,某些大型的翼手龙可以飞得很远,这是毫无疑问的。人们发现了一块无齿翼龙化石,它应该是死在海里的,死的地方距离最近的海岸也有至少160千米。

许多种大型的翼手龙头上都有冠。冠的位置不确定,有时候在它们的嘴上,有时候在头的后面。它们的冠有很多功能,比如可能是这个种群的标志,在求偶的时候还可以发出性的信号。但是,对于翼手龙这样一个体形大、体重轻

> 翼手龙可能是由长尾翼龙进化而来的。它们不需要像长尾翼龙那样用长长的尾巴来保持身体平衡,说明它们的神经系统已经发展到很高的程度,可以控制它们的飞行。

无齿翼龙
这种类型的翼手龙的头骨长达1.8米,但是重量却很轻。

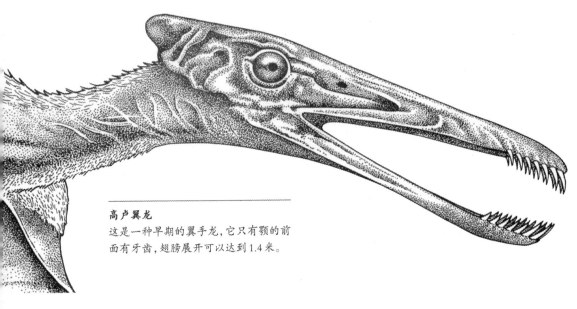

高卢翼龙

这是一种早期的翼手龙，它只有颚的前面有牙齿，翅膀展开可以达到1.4米。

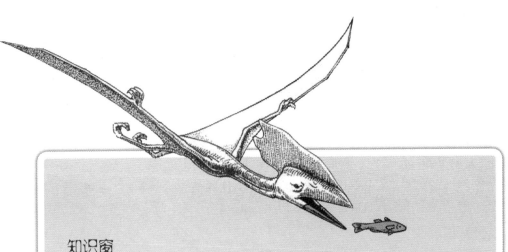

知识窗

　　根据2002年的描述记载，1.1亿年以前有一种名叫掠海翼龙的恐龙，生活在今天巴西所在的地方。它的翅膀展开来有4.5米长，而头骨则有1.4米长，头骨上有一个又长又窄的骨质的冠，和头骨比起来，它的冠几乎是所有脊椎动物里最大的。冠的里面充满了血管，可能在温度的调节方面起着重要的作用。当捕捉猎物的时候，它的下颚快速掠过水平面，这时候，它的冠就可以保持身体的平衡，就像现在的鸟类一样。

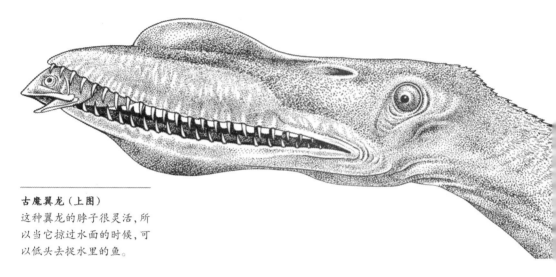

古鹰翼龙（上图）
这种翼龙的脖子很灵活，所以当它掠过水面的时候，可以低头去捉水里的鱼。

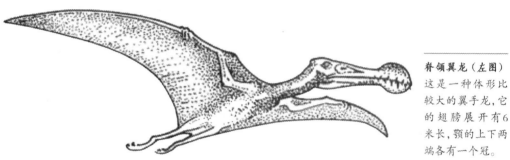

脊颌翼龙（左图）
这是一种体形比较大的翼手龙，它的翅膀展开有6米长，颌的上下两端各有一个冠。

的飞行动物来说，在飞行的时候，它们表面积很大的冠在飞行中会产生巨大的作用，可能是作为翼手龙的方向舵，掌管飞行的方向。

　　冠的另一作用是有效地保持身体平衡。当翼手龙用翅膀捕鱼的时候，它的下巴会浸到水里，这时冠就可以保持身体的平衡。

翼龙的生活方式

　　有些科学家认为翼龙走路时四条腿都得用上，可是有些科学家认为它们奔跑的时候可以只用后腿。翼龙上半部分的腿骨（大腿骨）和臀部之间有一个很大的角度，所以翼龙可能很难竖直站立。翼龙翅膀前面的三根指头有锋利的爪子，这表明它们很善于爬

> 很多科学家都认为翼龙是很出色的飞行家，不过他们不太确定翼龙在陆地上是怎样行走的。

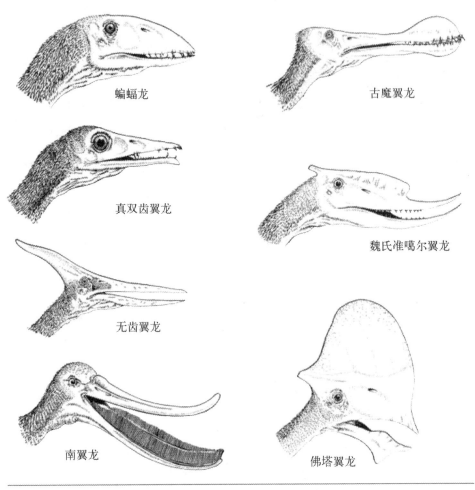

蝙蝠龙

古魔翼龙

真双齿翼龙

魏氏准噶尔翼龙

无齿翼龙

南翼龙

佛塔翼龙

适合进食

翼龙下颚的情况多种多样,说明它们的食物和进食的方式各不相同。

树。而树木和悬崖绝壁可能为它们的飞行提供了很好的起飞平台。

翼龙的飞行是主动飞行,那么它们是恒温动物吗?到目前为止,人们已经在一两种翼龙标本的身体表面上发现覆盖了像毛一样的纤维,这种纤维可以保持一定的温度。这表明,至少有几种翼龙是恒温的。如果翼龙的身体能够稳定地保持一个比较高的温度,那么它们随时都能够飞行,而不必像许多爬行动物那样,必须先要热身,提高身体的温度以后才能够起飞。

翼龙的大脑是什么样的呢?我们可以用翼龙化石的颅腔来浇铸一个模型,这样我们就可以知道翼龙大脑的形状和大小。它的大脑和鸟类的大脑有

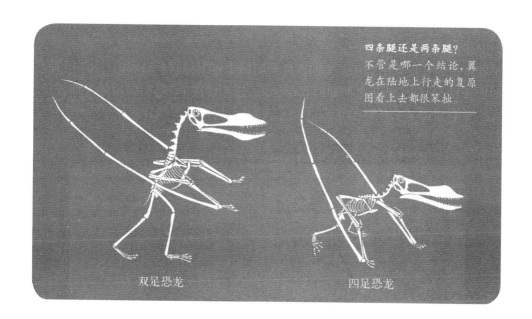

四条腿还是两条腿？
不管是哪一个结论，翼龙在陆地上行走的复原图看上去都很笨拙。

双足恐龙　　　　　　　　四足恐龙

知识窗

　　化石上的皮肤压痕显示有些翼手龙可能有喉袋。当它们张嘴的时候，下颚的两个部分也会打开，这就形成了一张"渔网"和一个口袋，就像现代的鹈鹕一样。

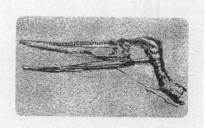

很多相似之处，不过要更小一点。大脑中掌管嗅觉的部分比较小，但是掌管视觉和运动协调的部分却非常发达，所以人们认为它肯定很善于在飞行中捕捉猎物。

　　翼龙们最常吃的食物很可能都是鱼，可是它们的头和颚却有各种各样的形状。有些翼龙的嘴里有很多小小的牙齿，有些翼龙的嘴里长满了刚毛。这可能是一种过滤装置，可以不让水中那些小猎物跑掉。不过它们到底是怎样吃东西的呢？它们会用四条腿在水中跋涉吗？翼龙的复原图看起来很笨拙，但也许它们实际上很敏捷，可以在飞行的过程中就把水过滤掉。有些翼龙吃的是昆虫，有些甚至还吃贝壳或是蚯蚓。

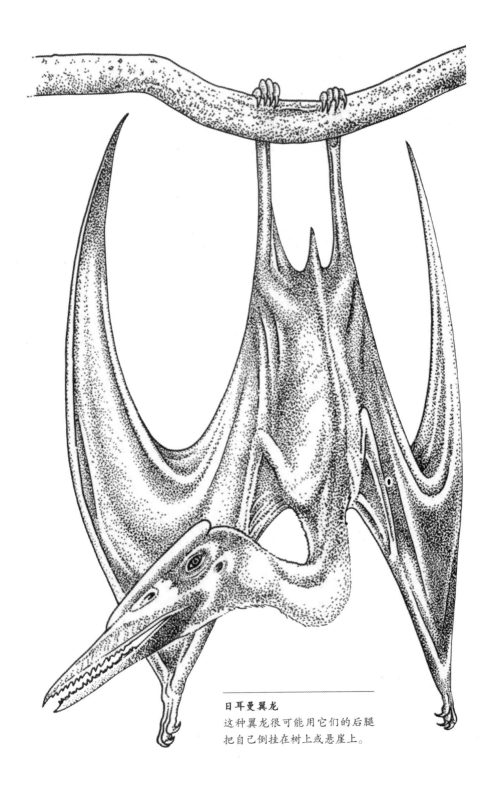

日耳曼翼龙
这种翼龙很可能用它们的后腿
把自己倒挂在树上或悬崖上。

历史上最大的飞行家

披羽蛇翼龙是翼手龙属的一种,它的脖子非常长,而且很僵硬,不能自由活动,脖子里面有很长一段颈椎,由一块一块的椎骨组成。它的嘴很长,而且没有牙齿,头部上方还有一块长长的骨质的冠。它的头和脖子一起有2.5米长,在1971年科学家发现披羽蛇翼龙以前,翼手龙是人们已知的最大的翼龙。很多科学家都曾经研究过翼手龙怎么飞行,并且估算它的重量大约只有15千克。

披羽蛇翼龙肯定很重,大约有80千克。即使这样,比起那大大的翅膀来,它的体重还是相对偏轻。它能够保持翅膀张开不动,然后以比较低的速度滑翔很远的距离。当它把翅膀张开的时候,仅仅需要一丁点儿风,就可以飞上天空。它很难通过跳跃起飞,而且因为身体太大,它也不会爬树。

与绝大多数的翼龙不一样的是,披羽蛇翼龙的化石不是在深海中找到的,而是在被洪水淹没的冲积平原上找到的。科学家们据此推测,披羽蛇翼龙可能是以死去的动物作为食物的。可是我们想象一下,披羽蛇翼龙用后腿和翅膀站在地上,那姿势肯定很笨拙,再加上它的脖子又长又僵硬,嘴里也没有牙齿,让

世界上最大的会飞的动物是披羽蛇翼龙,它的化石最早是在美国的得克萨斯州被发现的,因为那里靠近墨西哥边界,所以人们就根据墨西哥人崇拜的羽蛇神给它命名,羽蛇神就是一条披着羽毛的蛇的形状。它的翅膀打开来至少有12米长,甚至可能达到15米。它简直就像一架小型飞机那么大。

披羽蛇翼龙

这种体形巨大的翼龙肯定有时候会降落到陆地上,但是接下来它怎么运动,怎么吃东西,怎么样能够再次起飞,到现在仍然是一个谜。

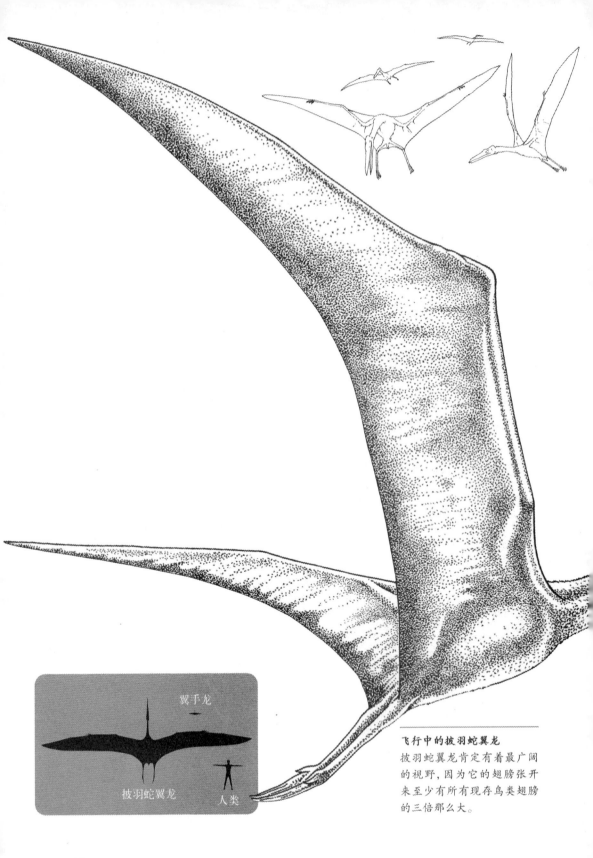

飞行中的披羽蛇翼龙

披羽蛇翼龙肯定有着最广阔
的视野,因为它的翅膀张开
来至少有所有现存鸟类翅膀
的三倍那么大。

翼手龙

披羽蛇翼龙

人类

披羽蛇翼龙是最大的翼龙,它是在有翼龙和恐龙化石的岩石的最上层被发现的,它们在距今6.5亿年前的时候灭绝了。尽管翼龙在这之前已经开始衰退,但我们还是不知道它们为什么突然消失了。也许是因为白垩纪晚期气候的变化反复无常,风速非常快,这样要想缓慢地滑翔就变得很难了。也可能是气候的变化让海里的浮游生物都灭绝了,以浮游生物为食的鱼也就灭绝了,这样一来翼龙就没有食物了。

它去撕裂大块大块的、硬得咬不动的肉,好像非常困难。科学家们还有另外一种猜测,那就是,披羽蛇翼龙以从洞穴中挖出来的贝壳类动物为食物,这种猜测恐怕也是站不住脚的。最有可能的是,披羽蛇翼龙缓慢地在水面上飞行,用恐龙最典型的方式,把它长长的嘴伸到水面下捕食鱼类。

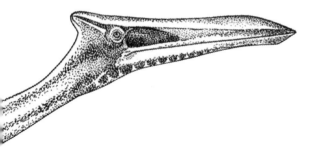

第四章
鸟类接管天空

鸟类的进化

大多数鸟都会飞,它们的前肢已经进化成了翅膀,长着特殊的羽毛,后肢则用来行走、爬行、栖息或者游泳。它们骨骼的一部分已经连在了一起,这样可以提供更多的力量。鸟类的牙齿很轻,喙部呈一个角的形状,具体是什么形状由各种不同的食物来决定。我们很容易辨认出鸟类,尤其是现代的鸟类。

近年来很多科学家猜测鸟类是由恐龙进化来的,尤其是小型的肉食性恐龙可能性最大。它们有的长着简单的羽毛,这种羽毛可以作为隔热层,由于有了这种发达的羽毛,现代那些典型的鸟类就有可能飞行了。不过鸟类到底是怎么开始飞的还有很大争论,它们最开始是因为奔跑才起飞的,还是因为爬树或是从树上落下来才起飞的呢?

有很长一段时间,人们唯一知道的一块最早的鸟类化石就是始祖鸟的化石,在它和下一块早期鸟类化石之间,有好几百万年的空白。近年来,人们发现了很多新的鸟类和恐龙的化石,可以填补这个进化过程中的一些空白。化石显示,尽管很多鸟或像鸟一样的动物生活在6.5亿年以前,但是所有的鸟类从本质上来说都是现代的鸟。有些现代的种群从那个时代就有了,有些甚至更早,不过鸟类的进化从来没有停止过,它们一直在进化出新的种类。

现代的鸟有很多相似之处,所以很难给它们画出一个谱系树来反映它们的亲缘关系。这些相似点是因为它们来自相同的祖先,还是因为它们有着共同的生活方式呢?比如说,并不

小䴕雉

很多早期鸟类的翅膀上都有爪子。现代的䴕雉小时候翅膀上也有爪子,可以用来爬树。

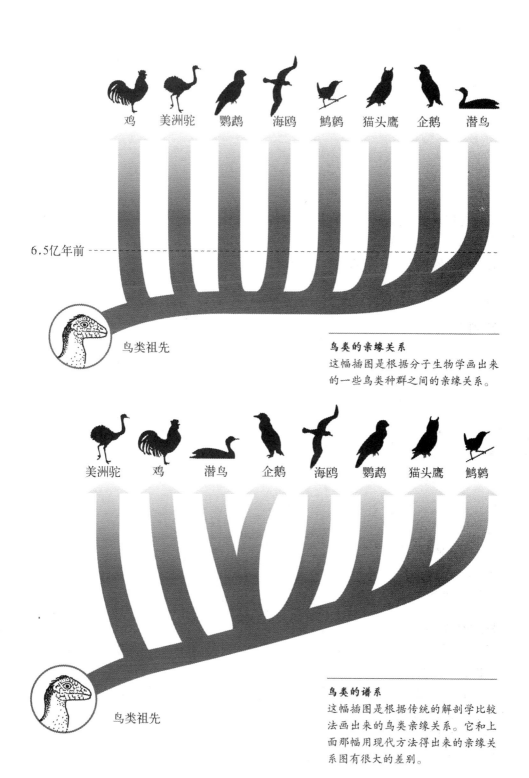

鸡　美洲驼　鹦鹉　海鸥　鹪鹩　猫头鹰　企鹅　潜鸟

6.5亿年前

鸟类祖先

鸟类的亲缘关系
这幅插图是根据分子生物学画出来的一些鸟类种群之间的亲缘关系。

美洲驼　鸡　潜鸟　企鹅　海鸥　鹦鹉　猫头鹰　鹪鹩

鸟类祖先

鸟类的谱系
这幅插图是根据传统的解剖学比较法画出来的鸟类亲缘关系。它和上面那幅用现代方法得出来的亲缘关系图有很大的差别。

是所有嘴巴上长钩子的肉食性的鸟都有亲缘关系。根据对定义特征的选择,火烈鸟和鹤或者鹅被归成了一类。现代的分子研究可以帮助我们进行分类,可是有时候它们得出来的结果会和解剖学上的分类相矛盾。

始祖鸟

始祖鸟最初是19世纪中期在德国以盛产化石而闻名的索伦霍芬被发现的。有很多动物死在几乎没有氧气的潟湖(浅水湖,一般指在海中由河口的沙洲或珊瑚礁围成的湖)里或者潟湖旁边,当它们被埋进泥浆里的时候,尸体不会很快腐烂,这样的尸体所形成的化石保留了很多死去的动物的细节:昆虫和翼龙的皮肤的痕迹、始祖鸟、鸟类的羽毛。

始祖鸟是我们所知道的世界上最早出现的鸟类,它们生活在1.5亿年以前。不论从哪个方面来看,始祖鸟都是从爬行动物进化到鸟类过程中一个完美的环节。始祖鸟有翅膀,有像鸟类一样的箭翎羽毛,而且还有两边对称的飞行所用的羽毛。毫无疑问,它们能够飞行,但是它们是怎么飞的? 这个问题让科学家们猜测了大约150年的时间。始祖鸟的翅膀已经发育完好,但是现代的飞行鸟类胸骨里面有龙骨突,而始祖鸟的胸骨里面却没有和鸟类的龙骨突功能一样的骨头。在始祖鸟的翅膀前面,也有相互分离的指头,翅膀前端也有巨大的爪子。在现代鸟类身上,脊椎骨组成的尾巴已经完全消失了,它们的尾巴是由羽毛构成的,但是始祖鸟的羽毛下面还是有一条长长的由脊椎骨组成的尾巴。而且始祖鸟的颚上也长着牙齿。

　　总而言之,始祖鸟的体形和乌鸦差不多,它的骨架和当时的小型恐龙几乎没有差别,但是因为它的身上有羽毛,而且会飞,所以人们认为它是最早的鸟类。始祖鸟的生活方式引起了人们很大的争论。画图时,人们认为翅膀前面的爪子是用来帮助它爬树的,因此经常把它画在树上。一种名字叫麝雉的现代鸟

始祖鸟

复原图表明始祖鸟是
爬树的动物（左图）。
它的骨骼（右图）和小
型的恐龙很相似，头骨
（中图）上有很多牙齿。

知识窗

　　有些科学家认为始祖鸟就是恐
龙，只不过碰巧身上长着翅膀而已。
但是，始祖鸟翅膀上羽毛的排列方
式、数目都和现代鸟类十分相似。
这就表明，始祖鸟是进化到鸟类的
种群的一部分。

现代鸟类的翅膀

小翼羽

前臂

次级飞羽　　主要飞羽

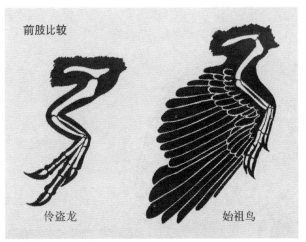

前肢比较

伶盗龙　　　　　　始祖鸟

伶盗龙和始祖鸟比较
它们翅膀的比例不一样，但是前肢的骨头非常相似。

化石
这块始祖鸟化石来自索伦霍芬的石灰石，翅膀上的羽毛（上部）、尾巴上的羽毛（下部）都能看得很清楚。

类，小的时候翅膀前面也有爪子。根据这种假设，始祖鸟可能是从树上滑行起飞的。

另一方面，为了爬行，始祖鸟的脚几乎没有任何变化，很像生活在陆地上的恐龙的脚。有些人认为翅膀最初是用来捕捉猎物的（这是爪子的用途），后来才慢慢演化成跳到空中飞行。

其他早期的鸟类

近些年来，在西班牙、马达加斯加、中国以及南美洲一些地区，人们发现了许多鸟类和类鸟恐龙的化石，使我们对鸟类进化有了更多的认识，但也让我们对鸟类进化提出了更多的问题。这些化石表明鸟类的进化不是一个简单的过程。

中华龙鸟是产自中国的恐龙，它的身体有1.25米长，用后面的两只腿走路，重量只有2.3千克。化石表明它的身体被一些短短的纤维覆盖，现在人们认为这种纤维就是普通的羽毛。它前面的两条腿很短，虽然不能用来飞行，但是前腿的羽毛却可以给它保暖。中华龙鸟似乎比始祖鸟更为原始，但是它生活的年代却比始祖鸟晚了2 500万年。尾羽龙是同时期另外一种体形小的恐龙,但是它的后翼上长着羽毛。尾羽龙所有的羽毛都是对称的,所以它也不会飞。中华龙鸟和尾羽龙这两种小型的动物说明有些恐龙身上也是长着羽毛的。虽然大约1.25亿年以前,世界上就有各种各样的鸟类,但是它们并不是所有的特征都与现代的鸟类一样。科学家们最近刚发现一种新的恐龙,名字叫热河鸟,根据它的骨骼形状,我们可以判断它的飞行能力很强,但是和始祖鸟类似,它有一根由很多尾椎骨组成的又细又长的尾巴。有趣的是,人们找到一块这种与火鸡体形差不多的热河鸟的化石,它的胃里面还有50粒没有被消化的种子的痕迹,这种情况说明,即使是早期,有些鸟类已经适应以种子为食物了。

　　伊比利亚鸟是体形和雀类(比如金翅雀)差不多的恐龙,它的脚已经能够适应在树上栖息。它的翅膀比始祖鸟的翅膀发育得更好。热河鸟是我们所知道最早有小翼羽的鸟类,小翼羽是鸟类翅膀前端多出来的一小块羽毛,对现代鸟类来说,它对飞行的机动性很重要。热河鸟的翅膀展开来有18厘米长,和一些

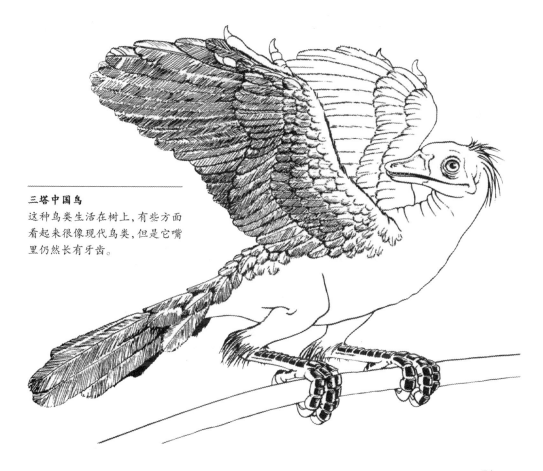

三塔中国鸟
这种鸟类生活在树上,有些方面看起来很像现代鸟类,但是它嘴里仍然长有牙齿。

热河鸟

图中的热河鸟保留了一根由尾椎骨组成的尾巴。像热河鸟一样，很多种古代鸟类保留了一些不同的"原始羽毛"。

知识窗

　　热河鸟属的鸟类骨头上血管很少，而现代鸟类一个典型的特征就是骨头上的血管很多。它们的骨头看起来是突然生长的，很有可能是季节性生长，而现代鸟类的骨头是连续平稳生长的。这可能是它们不能像现代鸟类那样保持身体温度恒定的标志。

伊比利亚鸟

这种体形和雀类差不多的鸟是在西班牙发现的。

小型的雀类差不多,化石里保留的食物残迹表明它们吃贝壳类动物。热河鸟属于鸟类中的热河鸟属,这种属的鸟类的化石在世界很多地方都能找到,它们生活的时间大约为距今1.3亿~7 000万年前。这种属的许多鸟类嘴里长满了牙齿,包括三塔中国鸟,它的体形比较小,栖息在树上,是在中国被发现的。

羽 毛

正羽的中间是一根主轴,主轴的两边有很多羽支,羽支和羽支之间由小小的倒刺互相连接,紧密地结合在一起,所以正羽的表面整体上很平坦。体形比较大的鸟类身上大的正羽上甚至可能有一百多万个羽支。如果羽毛变皱了,鸟类就会用它们的嘴或者脚来梳理、抚平,而羽支和羽支之间又会互相连锁,紧密结合。羽毛的主轴很坚硬,但是中间是空的,很轻。鸟类的正羽是流线型的,这样飞行时的阻力最小。在鸟类的翅膀和尾巴上长的是另外一种羽毛——飞羽,它们的作用是提供飞行时所需要的升力,控制飞行的方向,它们是不对称的。

正羽下面的羽毛是松软的绒毛,绒毛的主轴很短。除了四周外,主轴的末端也有很多羽支,但是羽支之间没有能够互相连锁的小倒刺。廓羽的

羽毛是由一种叫做角蛋白的蛋白质组成的,爬行动物的鳞、哺乳动物的毛发和指甲也是由这种物质组成的。

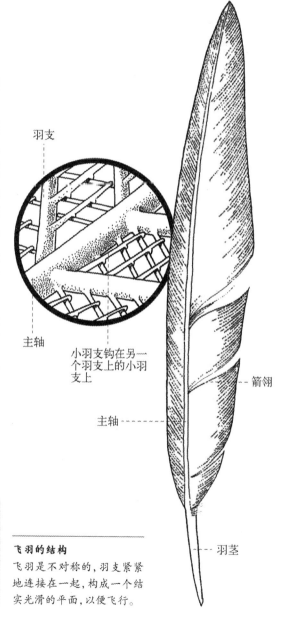

羽支

小羽支钩在另一个羽支上的小羽支上

主轴

主轴

箭翎

羽茎

飞羽的结构
飞羽是不对称的,羽支紧紧地连接在一起,构成一个结实光滑的平面,以便飞行。

下面有一层空气，这层空气相当于绝缘层。很多小鸟身上在长出其他羽毛之前就有绒毛。

纤羽的主轴很长，它的顶端很小，但是毛茸茸的很柔和。纤羽长在其他的羽毛之间，它们的底部有感官细胞，可以用来控制它们的羽毛"外套"。

鸟类的刚毛只有一根单独的主轴，它们大多长在眼睛的周围或者嘴的底边，眼睛上面的刚毛一般排列成"眼睫毛"，而嘴底边的则变成"触须"，也可以起到保护头部的作用。

鸟类的羽毛有时候是很鲜艳的，但是有时候也会是惊人的伪装，羽毛中最普通的颜色是黑色的色素——黑色素，有

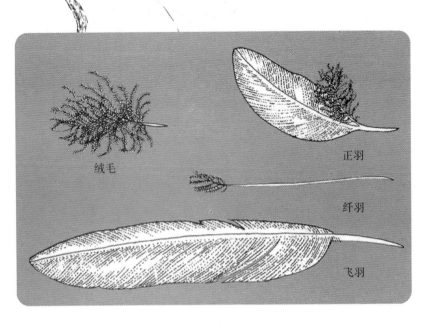

绒毛

正羽

纤羽

飞羽

羽毛的类型
羽毛经过改良可以用来保暖，用来飞行，甚至可以用来当作触须。

时候也会呈现出棕色。红色和黄色经常来自鸟类的食物产生的色素。当然也有很多颜色不是由色素产生的,而是利用物理反射,由光线反射羽毛中的一层薄层而得到的。由此可以得到蓝色和很多闪烁的微光。

鸟类羽毛的一个缺点就是容易磨损,磨损以后羽毛就会变得粗糙,效果也会变得很差。所以,鸟类会把磨损的羽毛褪掉,并且换上新的羽毛,鸟类一般一年换两次羽毛,而新羽毛的生长则需要消耗很多食物。

鸟类的翅膀

鸟类的指头大大简化了,仅仅剩下两个。翅膀前面的那个指头,也就是拇指,可以自由活动,上面连着几根羽毛。拇指一般只有在慢速飞行或机动飞行时才会用到,通常拇指和翅膀的其他部分是在一个平面上的。鸟臂上骨头长度和鸟臂的

> 鸟类的翅膀里有一根骨头延伸到它们翅膀的前端。

比例根据鸟的种类和飞行方式而有所不同,前臂和腕掌骨(相当于人类的手腕和手掌上的某些骨头)会变得很长很长。飞行时使用的羽毛主要是初级飞羽和次级飞羽:初级飞羽长在掌骨上面,次级飞羽长在前臂骨上面。鸟飞行的时候,对推动前进起最重要作用的是初级飞羽,而次级飞羽主要是提供上升力。

鸟类翅膀的工作原理和飞机的机翼一样,都是利用经过翅膀表面的空气产生升力,但是鸟类翅膀的结构比任何一架飞机的机翼都复杂得多。飞行的时候,鸟的翅膀不但给飞行提供推力,还可以掌握飞行的方向,有时候尾巴也能帮助它们调整方向。鸟类可以改变翅膀的形状,还可以调整翅膀和身体的角度,空气可以从羽毛之间流过去。我们很难精确地描述鸟类飞行的时候它们的翅膀到底发生了什么变化;当鸟类扇动翅膀飞行时,羽毛是怎样弯曲和扭转的,我们也很难精确地进行描述。

知识窗

鸟类骨骼的重量可能不超过它体重的5%,它的羽毛实际上可能比骨骼还要重一些。

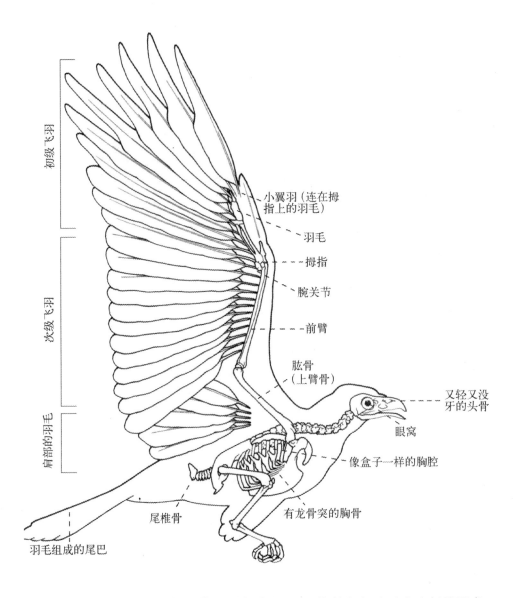

初级飞羽

次级飞羽

肩部的羽毛

小翼羽(连在拇指上的羽毛)

羽毛

拇指

腕关节

前臂

肱骨(上臂骨)

又轻又没牙的头骨

眼窝

像盒子一样的胸腔

有龙骨突的胸骨

尾椎骨

羽毛组成的尾巴

　　随着鸟类的进化,它们的体重逐渐减少,已经能够很好地适应飞行的要求。鸟类身上的羽毛本身就很轻,随着时间的流逝,不必要的骨头都退化了,剩下的骨头大多也都是空心的,骨头里空心的通道还可能是呼吸系统的一部分。在空心的骨头里有很多纵横交错的小支柱,它们可以提供力量,承受外力。总而言之,这些骨头都是很轻的。

　　在鸟类的骨骼中,有一些脊椎骨连在了一起,用来连接它们的韧带和骨头都退化了,这是减轻重量、增加力量的又一个好办法。每一根肋骨都有一块突出的部分和其他肋骨交叠在一起,这样鸟类的胸部就被加固了。鸟类的躯体部分就像是一个又坚固又轻便的盒子,上面长着翅膀、腿和灵活的脖子。

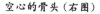

能动的羽毛（上图）
羽毛的形状和伸展情况可以根据不同的飞行类型而变化。在这种机动飞行的过程中，初级飞羽是扭曲着打开的，尾巴上的羽毛则是展开的。

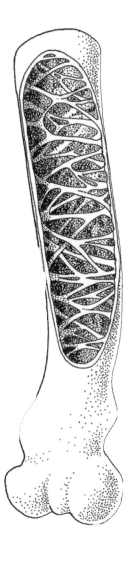

空心的骨头（右图）
为了达到减轻重量的目的，很多鸟类的骨头是空心的圆柱形，里面有纵横交错的小支柱来加固。

飞 行

鸟类掌管飞行的肌肉主要有两块：比较大的那一块在外面，叫做胸大肌，里面那一块叫做胸小肌。每当胸大肌收紧的时候，翅膀就向下扇动，当它放松的时候，胸小肌就收紧，翅膀就抬起来了。但是胸小肌

沿着鸟类的翅膀长有一些小块的肌肉，可以控制关节的弯曲。给翅膀提供动力的肌肉长在鸟类的胸部上，部位在前肢和身体最接近的地方，飞行时肌肉就不会被翅膀上下扇动而被牵拉。

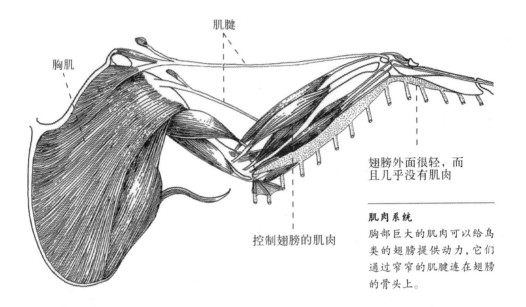

肌腱

胸肌

翅膀外面很轻，而
且几乎没有肌肉

控制翅膀的肌肉

肌肉系统
胸部巨大的肌肉可以给鸟
类的翅膀提供动力，它们
通过窄窄的肌腱连在翅膀
的骨头上。

长在翅膀的下面，为了把翅膀抬
起来，肌肉末端的一块肌腱要通
过肩胛带的空隙往上拉，然后翻
过来，连接在肱骨的上端。肩
胛带的上端对于这块肌腱来说，
起到的就是滑轮的作用。这两
块胸肌的下端都固定在胸骨上。
鸟类巨大的龙骨突为它们的连
接提供了一大块地方。胸肌是
鸟类身上最大的肌肉，大概占身
体重量的15%，对一些更健壮
的鸟类来说，可能占到20%。

　　它们工作起来效率很高，
因为鸟类的心脏跳得很快，
可以给它们提供很多新鲜血液，
肺部也可以给它们提供很多氧
气。飞行的时候，胸肌提供的能
量的比例可能是人类肌肉的10
倍以上。

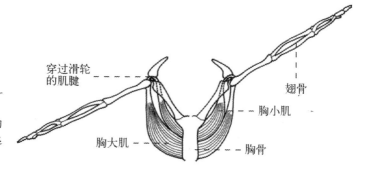

穿过滑轮
的肌腱

翅骨

胸小肌

胸大肌

胸骨

翅膀的动作
翅膀向下扇动的时候胸
大肌收紧,翅膀向上抬起
的时候胸小肌收紧。

要想飞得快,流线型的造型是非常重要的。鸟类的脚要折起来藏在身体下面,飞羽可以让脖子、翅膀和身体连接的地方变得更光滑。有些鸟类的线条没有那么光滑,比如说仙鹤虽然能够飞行很长的距离,但是当它飞行的时候,两条长腿是向后伸展的,不是一个很好的流线型的造型,所以飞行速度也不会很快。

虽然飞行很复杂,但是对鸟类来说,这好像是天生的,用不着学习。人们用雏鸟做了实验,从它们出生到羽毛长全可以飞行的这段时间,都不让它们张开翅膀。可是一旦它们张开了翅膀,马上就能飞,根本不需要练习。有人发现,潜水海燕第一次离开鸟窝的时候就能飞行一万米。

鸟类中的"飞毛腿"

野鸟的飞行速度很难测量,如果它被抓或者是受到控制,飞起来就和在野外飞行的时候不一样了。鸟类最快能飞多快?人们对这个问题争论很大。人们经常引用的是亚洲针尾雨燕的数据,它的水平飞行速度是每小时171千米,但是很多鸟类学者怀疑这个数据的精确性。同时,尽管游隼俯冲的时候(也就是它合起翅膀扑向猎物的时候),飞行速度可以达到每小时354千米,但是科学家认为,这个速度的一半可能更接近鸟类速度的最大值。它可以被称作是飞得最快

很多飞得快的鸟的翅膀都相当窄,而且是向后倾斜的,它们就靠这样的翅膀飞行。这种翅膀的形状可以减少阻力,和那些生活在树林里的鸟不一样,它们的翅膀更宽大、更圆,因为对它们来说,飞行的机动性要比飞行的直线速度重要得多。飞得快的鸟翅膀上一般都有一个低低的拱形,然后向着翅膀的尖端逐渐变细。

的鸟。

很多鸟类平时都有一个在天空漫游的速度,这个速度不太快,但是碰到紧急情况的时候,比如碰到敌人或是捕捉猎物的时候,它们的速度就能变得很快,就像是给汽车"换挡"一样。很多小鸟平时飞得很慢,但是一旦需要的时候,它们的飞行速度可以达到每小时53千米。鸟类中著名的飞毛腿有隼、鸽子和一些涉水鸟。雨燕平时的飞行速度并不算特别快,尽管在英文中它的名字是敏捷迅速的意思。一般大型鸟类的飞行速度比小型鸟类要快,但是有时候也有例外。

当然,在天上飞的速度和在地上跑的速度是不一样的。风刮起来的方向可能和翅膀的方向相同,也可能相反,还有可能交叉。鸟类好像可以自动用更努力的飞行来抵消逆风给它们带来的影响。

针尾雨燕
它飞得很快,可是也许并不像我们原来想象的那么快。

一些鸟类的飞行速度:	
赛鸽	每小时 71 千米
林鸽	每小时 61 千米
天鹅	每小时 55 千米
银鸥	每小时 39 千米
蓝冠山雀	每小时 29 千米

俯冲的隼
游隼水平飞行时的速度已经很快了,但是当它合起翅膀冲向猎物的时候,还可以把速度变得更快。

燕隼　　　　　　　欧洲燕雀

飞得快的鸟类的翅膀和生活在林间的鸟类的翅膀的比较
燕隼的翅膀又长又尖,这样的翅膀可以飞得很快。燕雀的翅膀是圆的,它飞得没那么快,可是它的机动性很好,可以灵活地避开树木和其他的障碍。

知识窗

　　飞行绝不只是扇动翅膀那么简单，鸟类还要考虑风和其他的空气运动对它们飞行的影响。有时候鸟类可以利用空气的运动使飞行达到非常好的效果。一只非洲秃鹰被一架小型飞机跟着飞了76千米，平均速度达到每小时47千米，可是在这个过程中，它的翅膀一下也没扇动过，它靠热气流来获得飞行的高度。

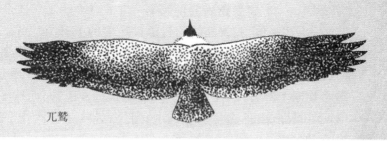

兀鹫

翅膀的形状

最基本的翅膀形状有四种：燕子的翅膀适合快速飞行；野鸡的翅膀飞不快，但是很有力；秃鹰的翅膀适合高飞；海鸥的翅膀适合滑行。

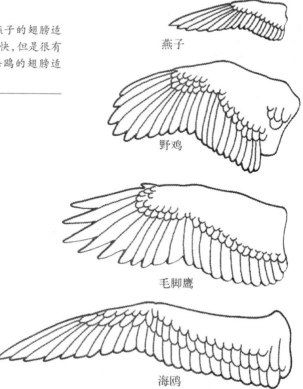

燕子

野鸡

毛脚鹰

海鸥

悬在空中

那些肉食性的鸟类，比如说秃鹰和仙鹤，非常善于高飞，而且非常善于用最少的能量在天空中懒洋洋地兜圈子。

擅长高飞的鸟类翅膀都相当长，而且非常宽，在翅膀的上表面有一道很低的拱形。翅膀的末端不会变成一点，而是很宽阔，上面长着很多独立的初级飞羽，在初级飞羽的末端之间有很多空隙。这些羽毛是让鸟翱翔的秘密。

如果翅膀的前端有一个向上的角度（这个角叫做"仰角"），就能给飞行提供更多的上升力。可是如果这个角度太大的话，经过翅膀上方的气流就会脱离这个表面形成漩涡，这样可能会造成湍流，影响上升。在某一个点上，湍流会切断上升力，这样鸟就得不到支持，停止上升，而且开始往下掉。一只擅长高飞的鸟，它的小翼羽（就是长在它拇指上的羽毛）会和主翼的前端分开，留下一个小小的空隙，气流可以很快地从这里经过，然后流过主翼的表面而不形成湍流。那些长长的初级飞羽就像是一系列小机翼，它们中间有一些空的小槽，空气可以很容易地从这里通过。如果翅膀的末端是实心的，就会形成湍流，这样会引起很大的麻烦。

那些有小槽的初级飞羽和小翼羽，可以让翅膀很出色地低速飞行，也可以给一只大鸟提供足够的上升力。这样的翅膀还可以提供很好的机动性。

像秃鹰这样擅长高飞的鸟，经常在空中寻找那些可以和自己落下的速度抵消的快速上升的气流。令人吃惊的是，一只仙鹤在高飞的时候，只用了1/12的能量来拍动翅膀。

安第斯秃鹰
这种鸟有适合高飞的巨大的翅膀，在飞行中，我们很容易看到它初级飞羽之间的小槽，这些小槽可以防止湍流的形成。

仙鹤

这种鸟可以利用热空气的流动，飞很长的距离。

气流

如果角度很低，气流就很容易从翅膀上流过。

如果翅膀和气流之间的角度比较大，气流就会离开翅膀表面，形成湍流。

小翼羽形成的小槽可以帮助气流平滑地流过翅膀的表面。

你知道吗

有些鸟类如果没有上升的空气，要想高高飞起来是不可能的，所以秃鹰早上很早的时候就着陆了，一直到太阳把陆地加热它才起飞。不过，一旦有了热量可以利用，秃鹰几乎不用什么能量就能飞很长的距离。

在海上漫游

信天翁的翅膀展开来至少有2米长，当它漫游的时候从这只翅膀的末端到另一只翅膀的末端，伸展长度可以达到3.25米。它的翅膀又长又窄，可以给它提供很

有一些鸟类，比如说海鸥、海燕，尤其是信天翁，可以利用风提供的能量，在海面上惊人地滑行。这些鸟的翅膀又长又窄，末端很尖，也没有那些低飞的鸟翅膀上常见的小槽。

多上升力，而且没有什么阻力。信天翁是很大的鸟，体重可以达到8.5千克。在无风的天气里，它就很难飞起来了。它要猛烈地拍打翅膀，要拼命地跑，还要用脚不断地拍打地面，这样才能艰难地起飞。不过它们生活的地方总是有很大的风，风平浪静的时候很少见。紧贴着海面吹过去的风由于受到海水和波浪的阻碍，比起海面上空的风，速度被减慢了很多。实际上紧贴海面的风速和海面上空15米处的风速之间有一个坡度，海面上空的风因为不受水的影响，所以速度不会被减慢。正是风速之间的不同才让信天翁能像现在这样飞。

信天翁顺风飞行，逐渐在空气中下沉。它的速度很快，每小时可以达到55千米甚至更多。当它靠近海面的时候，就会钻进风里，能飞得很快，而且风穿过它长长的翅膀，可以给它提供很多上升力。这样信天翁就开始上升了。它上升以后，风力就变强了，这时它的速度就会减慢。到了大约15米的高度，它就快要停下来了，这时它又开始顺着风飞，借着下降来提高速度。它不断重复这个过程，不断地把动能（由运动速度产生的能量）转化为势能（由高度产生的能量），再把势能转化为动能。在这个过程中，信天翁会因为运动时产生的摩擦和热量而损失一些能量，这种消耗是不可避免的，但是风会不断地给它补充新的能量。这样一来，信天翁就可以一连几个小时不扇动翅膀，只需要对飞行的方向做一些小小的调整就行了。

大海鸥
这种鸟很善于用它那又长又尖的翅膀飞过海面。

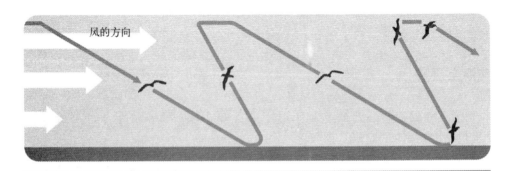

信天翁的飞行模式
这种鸟先钻进风里，获得高度，然后又顺着风飞，靠降低高度来获得速度。

世界真奇妙

　　人们发现漫游的信天翁在71天里可以飞行32 992千米。

漫游的信天翁

这种鸟把它一生大部分的时间都花在海面上，乘着风在离海平面很近的地方滑行。

　　信天翁一年中大部分时间都生活在海上，只有求偶和筑巢的时候才飞到陆地上。它们靠吃海面的磷虾、鱼，尤其是鱿鱼为生。

爱盘旋的鸟

　　有些肉食性鸟类，比如说红隼，可以在运动的空气中的某一点盘旋，它们轻轻地拍动着翅膀，通过小心翼翼地调整翅膀和水平轴的位置来保持这种状态。不过，真正的盘旋能手是三百多种蜂雀。

　　蜂雀可以在很精确的一点上盘旋，或者可以像一架小直升机一样在同一个高度前后运动。这种本领

　　很多鸟可以在空中的某一点上盘旋，哪怕时间很短暂。对大多数鸟类来说，这个动作非常费力。

盘旋飞行
蜂雀盘旋的时候,它的翅膀快速地前后扇动,通过这两个方向的拍打获得上升的力量。

很管用,因为这样它就可以准确地把管子一样的嘴伸到花心里去吸取花蜜。它的舌头长得也像管子,可以伸出来把花蜜吸出来。

蜂雀翅膀的长度和一般那些有"手骨"的翅膀的长度不太一样,这些骨头相当于我们人类的臂骨。它腕关节的骨头可以让翅膀在一个很宽的弧上旋转。翅膀水平地扇动,形成了一个"∞"字形。当它的翅膀向上抬到尽头的时候,就会把翅膀翻过来再向下扇。这两个方向都能产生上升力。这个过程太快了,翅膀看上去都是模糊的,不过我们可以听到它的翅膀发出嗡嗡嗡的声音,这就是它名字的来源。它扇动翅膀的频率在每秒22次(体形大的那些蜂雀)到80次(体形小的那些蜂雀)之间。在一些比较快的动作过程中,比如说在求偶的飞行中,它每秒钟扇动翅膀的次数可以达到200次甚至更多。

蜂雀飞得非常好,而且飞行的精确度非常高,它们基本上用不着走路,这样一来,它们的小脚就退化了,只承担栖息的任务。有些蜂雀非常好斗,它们会守卫着一小片花丛,不让其他的同类靠近。一旦有同类靠近,它们就以惊人的精力互相追打。很多蜂雀求偶时的飞行都很引人入胜,比如说,雄性的艾伦蜂雀求偶的时候会从30米的高空向雌性蜂雀飞快地俯冲下来,它那光彩夺目的绿色羽毛就像在空中划过一道闪电那样耀眼。

进食

这只蜂雀先是盘旋,然后逐渐向花朵靠近,精确地把嘴插进花心里。

知识窗

　　蜂雀有着惊人的机动性,有些时候它们的速度可以达到每小时72千米。所有的蜂雀都比燕子小,而且大多数都比燕子小得多。最小的蜂雀是蜂鸟,它从嘴尖到尾巴尖一共只有5.7厘米长,翅膀打开也不到10厘米长,体重只有1.6克。

翅膀的运动

这些都是蜂雀盘旋时候做的动作。

在空中求婚

雄性的云雀高高地飞入云端,一边飞一边唱着歌。这种表演不但可以给它的领地打上标记,而且可以吸引那些潜在的配偶。有些猫头鹰和鸽子想要"广告征婚"的时候,也会用很夸张的姿势飞行。

有一些种类的鸟用显示自己的飞行技术威力无边的方法给配偶留下印象。它们可能飞得很快,也可能采用特技飞行的方式求婚。一对新结婚的燕鸥会在雄燕鸥的带领下飞上几百米的高空,然后再首尾相接地滑行下来。有些肉食性的鸟会翻跟斗,一只鸟在空中轻轻一滑就可以上下颠倒,然后再抓住配偶的爪子。不过同样是翻跟斗,红鸢鹞鹰和非洲鱼鹰翻得就不一样。有些时候,在翻跟斗的过程中,这一对鸟还可以互相交换食物作为礼物。夜鹰的求爱飞行也非常特殊,比如美洲一种很常见的夜鹰在求偶的时候,雄夜鹰会飞快地从高空俯冲向停在地面上的雌夜鹰,等到了雌夜鹰正上方又突然离开它。翻滚的气流经过翅膀的羽毛,可以增加俯冲的视角。那些翅膀长度很标准的雄性非洲夜鹰,每只翅膀上都有着特别加长了的初级飞羽,飞羽上有一根长长的复杂的主轴,末尾还有像旗子似的羽支。当它们在雌夜鹰上空绕圈子的时候,这些特殊的羽毛就在翅膀上摆动,这样的表演是很难被

"飞快"的爱
一只雄性的美洲夜鹰飞快地朝地面上的雌性夜鹰俯冲下来,这也是它们求偶表演的一部分。

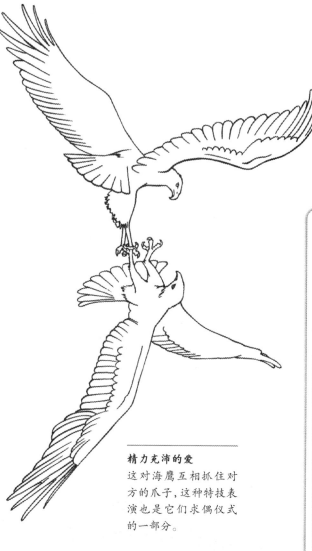

精力充沛的爱

这对海鹰互相抓住对方的爪子，这种特技表演也是它们求偶仪式的一部分。

知识窗

鹬是一种常见的涉水鸟，它在飞行表演中加入了机械的声音作为配音。它尾巴上有两根靠外面的羽毛是竖起来的，所以它们就能以一个特别的速度振动。鹬俯冲的时候和地面成45°，速度可以达到每小时69千米，这时它的尾巴像扇子一样展开，尾巴上的羽毛就会发出嗡嗡的响声，这响声可以一直传到很远。

鹬

忽视的。获得了雌夜鹰芳心之后，雄夜鹰就会褪掉这些长羽毛，这些长羽毛也不会再长出来，一直到下个求偶季节到来为止。

在涉水鸟之中，有很多求偶飞行表演的例子。比如行鸟会在螺旋、翻跟斗、俯冲等特技飞行中求爱，很多矶鹬也有求偶飞行表演的仪式。

寻找果实

只有在热带和亚热带才能一年四季都有成熟的果实，这样那些终年吃果实的鸟才有可能生存下来。很多不同科的鸟类经过进化都适应了这种生活方式，它们一般都有着这样的特征：光彩夺目的羽毛和吵吵嚷嚷的大嗓门。

在热带森林里，一般来说树上一年四季都开着花，结着果。不过，如果这里有鸟类居住，而且要在这里填饱肚子，鸟类一般都不会是一大群一大群地生活在一起。更常见的情况是，它们三三两两地分散在森林里。很多吃果实的鸟飞行的时候都是聚集在一起的，它们通过灿烂的羽毛和沙哑的声音来分辨同类、保持联系，如果哪个同伴在森林里找到了成熟果实，它们就一起飞快地飞去吃。有些时候，不同种类的鸟也可能混在一起，组成一个混合小分队，一起飞过森林，停在某一棵树上狼吞虎咽，一直到那棵树上的果实被吃得一干二净为止，然后它们再一起飞向下一棵树继续吃。这些鸟中有很多是在树冠中间或在树冠之上飞行，这样利于和同伴保持联系，可能也更容易发现下面的果实。

因为它们吃的是果实，所以就没必要飞得那么快，也没必要飞得偷偷摸摸的。不过如果它们很强壮，那就很管用，因为这样可以在森林里轻松飞过果实繁茂的树木之间的一大段距离，就像一些吃果实的鹦鹉和果鸠那样。

巨嘴鸟
这种鸟的嘴巴大得惊人，可以用来采集果实。

南、北美洲的热带地区的巨嘴鸟、亚洲和非洲热带地区的犀鸟都是吃果实的大型鸟类。这两个科虽然不是近亲，但在某些方面却有着有趣的平行现象，比如，它们都喜欢聚成一小群，吵吵嚷嚷地飞过森林；它们的嘴都非常大，而且用途广泛，其中很重要的一个作用是当它们坐在树枝上时，把嘴伸长去摘长在嫩芽上的果实，因为嫩芽支撑不了它们这样的大型鸟类的体重。不过它们的嘴虽然很大，但是重量却很轻，不会成为它们飞行的负担。

凤尾绿咬鹃（右图）
凤尾绿咬鹃生活在热带新大陆，它也是吃果实的鸟类家族中的一员。

果鸠（左图）
果鸠有很多种类，它们大部分生活在东南亚，有些生活在太平洋的小岛上。

知识窗

　　鸟类需要果树，同样果树也需要鸟类。因为鸟类吃了果实，只能消化果肉，不能消化果肉里的种子。种子可能被鸟类吐出来或是排泄出来，这样就可以被带到森林的各处去生根发芽了。

大种印第安犀鸟（左图）
这种鸟吃很多种果实，它的嘴很轻，嘴上面长了一个角。

金刚鹦鹉（右图）
这样的鹦鹉可以吃果实，也可以把种子和坚果的壳啄开吃里面的果仁。

捕捉昆虫

昆虫是鸟类最常见的食物，现代鸟类的进化有一部分原因可以用它们适应了以昆虫为食来解释。现代的昆虫种类众多，它们很多是随着开花植物发展起来的。

即使是那些吃谷物和果实的鸟类也常常给它们的幼鸟喂虫子吃，因为虫子是很好的蛋白质来源。有些鸟在地面上找虫子，有些鸟在树叶和小树枝上找虫子，还有很多不同种类的鸟都是在空中捕捉飞虫。

捕蝇鸟啄虫子的办法很典型。这种鸟坐在一根突出的树枝上，这样它就可以获得一个很好的视野，接下来它就等着飞虫自己闯进来。等昆虫来了，它就飞起来，在飞行中抓虫子，再飞回树枝上吃掉它，它不断重复这个过程，就可以填饱肚子了。鹟鸲也喜欢站在树枝上扫描天空，有时候它甚至从地面跳到天空去追赶猎物。这种扫描、捕捉的技术，世界上很多鸟类都会，包括南美的鸹鸳和加勒比海的短尾鸟。

伯劳鸟采用了这种技术的另一种方式，它有时候在半空中捉虫子，但是大多数情况下它是飞向地面追赶昆虫或者小脊椎动物，当它回到原来栖息的树枝上时，会把猎物穿在树枝的硬刺上，建一个小食品仓库，留着以后慢慢享用。林鸱是一种喜欢在夜间活动的鸟类，它和南美洲的夜鹰有亲缘关系。它们通常在树桩上栖息，它们的颜色和花纹简直和树桩一模一样，白天的时候，这给它们提供了绝妙的伪装。晚上，它们就从栖息的树桩上飞起来，去捕捉飞蛾和甲虫。

林鸱（左图）
这种鸟的嘴巴可以张得很大，在飞行中捉虫子。

捕蝇鸟
这种鸟把昆虫拦截下来，再带回栖息地去吃。

短尾鸟（右图）
这种鸟有着尖尖的嘴巴，是典型的食虫鸟。

食蜂鸟
这种鸟追赶的
猎物很危险。

知识窗

食蜂鸟有时候也吃其他种类的昆虫，不过正如它的名字告诉我们的一样，它的主要食物是蜜蜂。这种鸟先在它栖息的树枝上观察猎物的情况，然后飞出来用它的长嘴在半道上从下面把蜜蜂拦截下来。它很聪明地让蜜蜂的刺远离自己的身体，然后又飞回它栖息的地方。它在树枝上狠狠地打蜜蜂的腹部，直到蜜蜂的刺和毒液囊都掉了为止。这时蜜蜂吃起来就安全了。当食蜂鸟哺育幼鸟的时候，每天可能要重复两百多次这个过程。

伯劳鸟
这种鸟把昆虫和小蜥蜴穿在
硬刺上储藏起来。

捕捉空中的"浮游生物"

夜鹰主要生活在温暖的国度里,但是有些种类的夜鹰在夏天的时候也会迁徙到温带地区。它们需要不断地进食昆虫,它们的羽毛很柔软,飞行的时候通常很安静。它们的嘴很大,周围长了一圈刚毛。它们的嘴张得很开,这样就给昆虫布下了一个陷阱,可以吞下一只大飞蛾,也可以把塞满了整张嘴的一群蚊子打扫得一干二净。有些证据表明,它们好像可以用回声波定位的办法来寻找食物。

在黄昏渐渐降临的时候,一只鸟静静地飞过天空,追赶着虫子。它跟着一只飞蛾旋转,转弯,追上它以后就一口把它吞了。这时,夜幕降临了,夜鹰才刚刚找到它的第一顿饭。

燕子是我们熟悉的日间飞行者,它们也要在空中寻找食物,它们常常在昆虫聚集的地方飞来飞去,就像是在巡逻一样。盛产果实,适合打猎的地方总是

捕食
一只夜鹰猛地把一只
飞蛾吞进它的大嘴。

雨燕　　　　　　　家燕　　　　　　毛脚燕

靠近水源。燕子的体形是流线型的，机动性特别好，它们的嘴很短，但是却可以张得很大。它们捉的小飞虫多得数不清，捉虫子的时候，不同种类的燕子会均分那些可能的食物。在有些地方燕子和家燕一起捕食，家燕捉的是那些蚜虫和小飞虫，燕子捉的是那些大一些的飞虫。当它们哺育幼鸟的时候，要捉数目惊人的昆虫，把它们压成一个小球，然后再带回巢里去。一对燕子一天可能要带回几百个这样的小球，也就是成千上万的小飞虫。

　　雨燕是最典型的生活在空中的鸟类，它们不是燕子的近亲，而是蜂雀的近亲。而且，它们和蜂雀一样，脚都很小，所以它们很少栖息，除非是在自己的巢里。雨燕整天都在飞，晚上它们也要飞上高空，在飞行中睡觉。除了繁殖的时候，它们是绝不会定居的。根据计算，一只雨燕在它长出羽毛以后要飞行50万千米，一直到两年后它繁殖的时候才着陆。它们那又短又阔的嘴可以帮助它们在飞行的过程中捉虫子吃来作为能量。

家燕
这种鸟经常在水面低低飞过，
猛地咬住昆虫。

知识窗

　　像燕子一样，雨燕也用团成小球的昆虫来哺育幼鸟。不过如果食物不够充足，小雨燕很快就会变冷，体重也会减轻，这种情况会持续一周左右，一直到这种情况得到改善，它才恢复正常的生长。

阿尔卑斯雨燕
这种大鸟飞得很快，一群雨燕飞过天空，一边飞还一边叫。

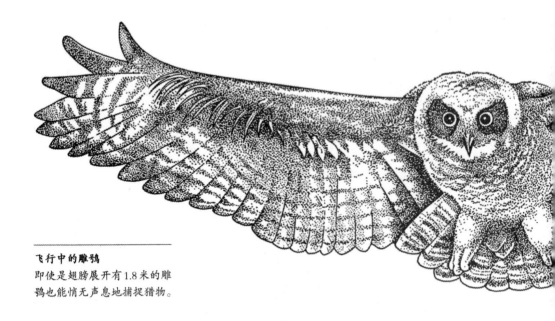

飞行中的雕鸮
即使是翅膀展开有1.8米的雕鸮也能悄无声息地捕捉猎物。

安静地飞行

几乎所有的猫头鹰都在夜间捕食。它们的眼睛很大，很发达，这样的眼睛让它们看上去好像很聪明的样子，可是实际上它们的智力也没什么特别的。它们的感觉器官也就是眼睛和耳朵，是它们成功捕食的秘密武器。

猫头鹰的眼睛对微弱光线的敏感程度是我们人类的三倍，它们晚上比白天看得更清楚。它们的眼睛是固定朝着正前方的，不过它们的脖子非常灵活，可以自由转向任何方向。这双正视前方的眼睛可以帮助它们确定猎物的位置，当它们向猎物发起进攻的时候也可以很好地判断距离。不过即使天黑得看不清猎物，很多猫头鹰还是能够成功地捕获猎物，这时靠的就是它们的耳朵了。它们耳朵的开口就是头部旁边大大的裂缝（有些猫头鹰长着"耳簇羽"，看上去像耳朵一样，实际上和耳朵没多大关系）。很多猫头鹰脸上都有羽毛长成圆盘一样的形状，这些羽毛可以帮助它们把声音聚集起来，传进耳朵里。它们的耳朵尤其适合接收那些高频率的声音，比如老鼠一类的动物发出的窸窸窣窣的声音。

对猫头鹰来说，为了让听觉更灵敏，也为了能够偷偷地接近猎物，让自己保

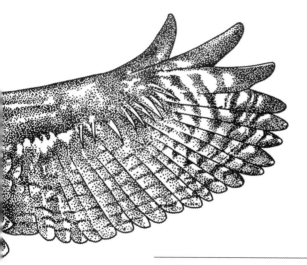

猫头鹰翅膀的羽毛
羽毛那有流苏的边缘和光滑的表面可以防止它在飞行中发出声音。

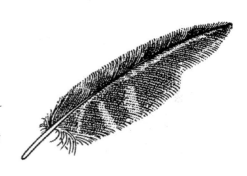

持安静是很重要的。相对于它的体重而言，猫头鹰的翅膀通常都很大，这样它飞起来就不费力气，而且翅膀也不用扇得很快，不会发出太大的声音。猫头鹰能够飞得很安静的另一个原因和它羽毛的设计有关。它的羽毛边缘有精美的流苏，羽毛表面像天鹅绒一样柔软，这样气流通过羽毛的时候就会非常安静。大部分猫头鹰飞行的时候都是悄无声息的，只有食鱼猫头鹰是个例外，因为它们的猎物在水下，听不到水面上的声音。

生活在旷野中的猫头鹰通常在飞行的过程中捕食，它们前前后后来回飞行，一直到找到猎物为止。有些昆虫飞着飞着就被吃掉了；有些栖木上的鸟和地面上的老鼠被发现了，猫头鹰

世界真奇妙

仓鸮可以在漆黑的夜里和猎物排成一排，然后飞起来用它的爪子准确地抓住猎物。

捕捉猎物
茶色猫头鹰看着它的猎物，靠它夜间视力的帮助来进行目标追踪。

就偷偷地飞向它的目标，用大大的爪子抓住它们。林地猫头鹰和茶色猫头鹰则会停在树枝上，向下扫视地面，等到发现了美餐，就猛地扑下去抓住它。

群居的鸟

世界上大约有一半种类的鸟在它们生活的某些阶段都会聚成群。有时几种不同的鸟还会组成"混合小分队"一起飞行，比如美洲林地的北美山雀、簇羽山雀和白胸五子雀就是这样。有时候生活在一个集体中还是很有好处的。

很多群居的鸟类都以种子为食，它们的食物也许非常丰富，但是可能只在某些特定的地方才能找到。如果一只鸟找到了食物，它的同伴也会飞过去和它一起享用这顿美餐。比起很多鸟各自分散开去找食的办法，这种寻找和利用食物的方法效率要高多了。在一群吃昆虫的鸟中间，有些鸟扮演的角色就像是帮助猎人从森林里赶出野兽的助手，它们负责惊动昆虫，把昆虫从它们的藏身之处赶出来。

群居相对来说更加安全，因为有更多的眼睛和耳朵可以观察周围的动静，可以更好地保持警惕，同时也可以更快地被认出来。每一只鸟可以花更少的时间来观察，而把更多的时间花在吃东西和别的动作上。一群飞行中的鸟可以把它们的天敌弄糊涂，很难挑出一个单个儿的目标。被老鹰攻击的一群小鸟常常排成一串，演出一场战略大逃亡的好戏。在队伍中间的鸟儿尤其会受到特别保护。

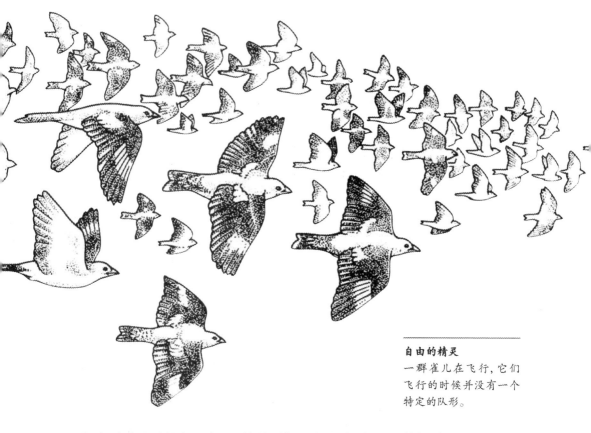

自由的精灵
一群雀儿在飞行, 它们
飞行的时候并没有一个
特定的队形。

　　很多平时独居的鸟, 到了迁徙的时候也会聚成群。这样做不但可以受到更
多的保护, 而且很多鸟一起迁徙也比一只鸟单独迁徙更有优势, 因为这样可以
防止鸟儿们偏离正确的航线。

　　聚成一群飞行还有一个更深层的好处, 那就是它们飞行的时候可以采用一
个特殊的排列方式, 这样飞起来会更加省力。在迁徙的时候这一点就显得尤为
重要了。天鹅和鹤飞行的时候都会采用排成V字形, 当它们扇动翅膀的时候, 这
些大鸟会在空气中造成巨大的旋涡, 这些旋涡通常是能量损失的表现, 不过如果

> **知识窗**
> 　　小型的鸟类即使排成了V字形的队伍, 它们飞行时造成的空气运动
> 也不能给同伴提供帮助, 所以它们排的队是不成形的。

81

跟在它后面的鸟正好处在那股向后的气流中,那它就可以从中获得额外的上升力,可以少花点力气来飞行。在长途飞行的时候,这些鸟会经常换换位置,会不时地有新的领头鸟来带领它们飞行。鸟群里的成员轮流承担领头鸟的责任。

准备飞行(上图)
家燕聚集在电线上,组成了一个迁徙的小集体,准备起飞。

列队飞行
天鹅、火烈鸟一类的大型鸟类在集体飞行的时候,往往排成V字形的队伍,这样可以节省能量。

第五章
会飞的哺乳动物

在哺乳动物中,蝙蝠是唯一能够真正飞行的种属。

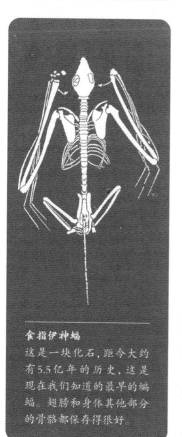

食指伊神蝠

这是一块化石,距今大约有5.5亿年的历史,这是现在我们知道的最早的蝙蝠。翅膀和身体其他部分的骨骼都保存得很好。

蝙蝠的进化

蝙蝠是哺乳动物中一个数目众多的种属,它们中间有将近1 000个种类,仅次于老鼠一类的啮齿动物。除此以外,它们在体形方面都比别的哺乳动物种群要小。这都是因为它们受到飞行习惯的限制。最大的蝙蝠体重大约有1.2千克,最小的蝙蝠体重只有大约2克,大部分的蝙蝠体形都不大。它们的饮食习惯之间差别相当大。

现在已知最古老的蝙蝠化石距今大约有5.5亿年,在蝙蝠进化的过程中,并不存在"缺失的环节"。它们确实已经是蝙蝠了,和它们现代的同类只有一些很小的细节上的差别,比如说,它们的牙齿更多。最古老的蝙蝠是在美国的怀俄明州被找到的,其中包括大名鼎鼎的食指伊神蝠的标本。在德国和澳大利亚也发现了和它时代差不多久远的蝙蝠化石。小蝙蝠的耳骨显示,它们已经采用回声定位的办法来探路了。体形比较大的食果蝙蝠好像进化得更晚一点,大约要到3亿年前才有。有人认为,食果蝙蝠和典型的蝙蝠是从不同的祖先进化来的。不过无论怎样,蝙蝠的这两大种类之间有着全面的相似性,而且通过对它们的DNA进行研究,证明它们还是有着共同的祖先的。

那么,蝙蝠的祖先到底是什么?它是一种小型的哺乳动物,喜欢在夜间活动,吃的是小虫子。这并不那么

在法国，人们一共找到了5个科的蝙蝠化石，这几类蝙蝠繁衍至今。这些化石大约有3.5亿年的历史。其中的蹄鼻蝠至今还在夜空中捕食。

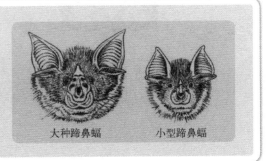

大种蹄鼻蝠　　　　小型蹄鼻蝠

长耳蝙蝠
这是一种典型的现代蝙蝠。不过，它身体的基本式样和翅膀还是很古老。

令人惊奇，因为很多早期哺乳动物都被描述成这样。当然，在解剖和化学方面，蝙蝠和鼩鼱之类吃虫子的哺乳动物之间有很多共同特征。也许早期的一些吃虫子的动物是适合爬树的，它们发现飞起来捕捉那些会飞的猎物会更方便。也许这样一个滑行的阶段最后变成了真正的飞行。因为体形小，蝙蝠死后很难形成化石，即使是现有的那些化石也暗示我们，这个与众不同的种属可能就是在恐龙之后的那个年代开始进化出来的。和它们的祖先一样，蝙蝠仍然保持着夜间活动的习惯，这样就可以避免和鸟类竞争，因为白天是鸟类的天下。

蝙蝠的翅膀

蝙蝠的翅膀是一块薄膜，是由它的臂骨和手骨支撑的，它也会穿过蝙蝠的脚踝。有些蝙蝠的尾巴是自由的，大多数蝙蝠的飞行薄膜把它们的后腿和尾巴连在了一起。它的脚踝里通常有一块起支撑作用的软骨伸出来，用来保持飞行薄膜的伸展。

在蝙蝠的飞行薄膜里，有很多小小的血管。薄膜里还嵌着许多有弹性的纤维和小小的肌肉纤维，它们可以用来保证飞行薄膜是绷紧的，飞行的时候还可以稍微改变一下薄膜的形状。蝙蝠手臂的骨头虽然比较小，但是它们的指骨却被大大地延长了，每一根指骨都比它们的身体要长。它们的大拇指（也就是第一根手指）非常短，从翅膀的前端突出来。第二根手指沿着翅膀的前端延伸，它构成了翅膀前端的边缘。第三根手指一直延伸到翅膀的末端。第四、第五根手指则往回沿着翅膀的宽度方向横穿过去，第五根手指还控制着翅膀的弧度。

蝙蝠翅膀的表面是一块柔软的、有弹性的薄膜，它由两层薄薄的皮肤构成。一只小蝙蝠的飞行薄膜可能只有不到一厘米的厚度，但是强度却是非常惊人的。

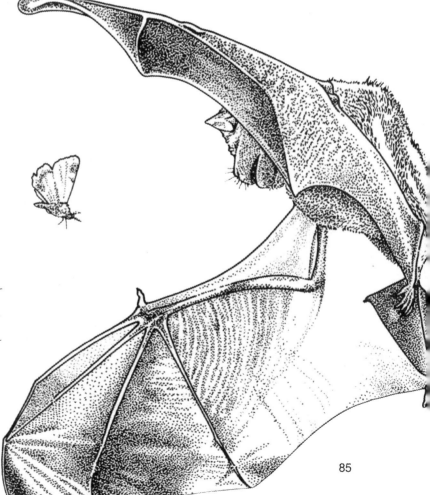

给人印象深刻的飞行
一只大种蹄鼻蝠张开了翅膀，向人们展示出支撑它翅膀的所有骨头。

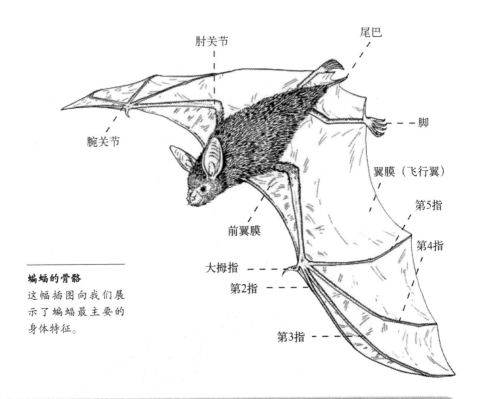

肘关节

尾巴

腕关节

脚

翼膜（飞行翼）

前翼膜

第5指

第4指

大拇指

第2指

第3指

蝙蝠的骨骼
这幅插图向我们展示了蝙蝠最主要的身体特征。

知识窗

　　和鸟类一样，蝙蝠不同的翅膀形状是为了适应不同的工作而进化出来的。那些飞得快的蝙蝠，比如说褐色大蝙蝠和游离尾蝙蝠，它们的翅膀就又长又窄。褐色大蝙蝠每小时可以飞行50千米。飞得慢的蝙蝠，比如长耳蝙蝠和蹄鼻蝠，它们善于盘旋或者是在草木中做出各种高难度的动作，它们的翅膀相对来说就又短又宽。

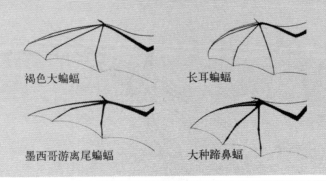

褐色大蝙蝠　　　　　　长耳蝙蝠

墨西哥游离尾蝙蝠　　　大种蹄鼻蝠

蝙蝠接近身体的上臂相对来说比较短,但是它的前臂非常长。从腕骨到身体之间有一块前翼,它靠一块特殊的肌肉来绷紧。大部分用来控制翅膀运动的大块肌肉都离身体很近,这样翅膀前后扇动起来就会比较容易。蝙蝠手上的肌肉相对于人类来说被简化了,因为它们手上只有9块肌肉,而人类有19块,并且每块肌肉也退化了,变得很小很小。肌肉长度的一大部分是肌腱,它们是肌肉中用来拉伸翅膀的部分。蝙蝠是微工程学和微重量方面的奇迹。它的飞行薄膜看上去很脆弱,但是它可以在遭到较小的破坏后自我修复,甚至指骨碎了也能痊愈,因为它们可以得到飞行薄膜的支持,恢复起来完全没问题。

它们飞得怎么样

负责向上扇动的肌肉在蝙蝠翅膀的上面,而不像鸟类一样是在翅膀的下面。翅膀向上扇动不是由一块主要的肌肉控制的,而是由好几块肌肉共同负责,它们的作用就相当于我们人类肩膀后面的那些肌肉。蝙蝠的胸骨上不需要有巨大的龙骨突。根据测量,蝙蝠翅膀肌肉的重量大约占整个身体重量的12%,就像那些小型鸟类一样。

> 蝙蝠翅膀上的肌肉和鸟翅膀上的肌肉有很多不同。鸟类用一大块单独的肌肉来给翅膀提供向下扇动的动力,而蝙蝠要用四块肌肉。

从某些方面来说,蝙蝠的翅膀比鸟类的翅膀要好。比如说,蝙蝠手指里的骨头更多,这样运动起来就能更好地调整翅膀的形状;另外,翅膀的皮肤里还有很多小小的肌肉,最后的结果就是这样的翅膀具有更强的机动性。蝙蝠可以做出各种各样的螺旋、转身的动作,而这些动作,很多鸟类是做不到的。通常蝙蝠都不太擅长直线飞行,飞行的速度几乎没有得到过精确测量。现今我们知道的飞得最快的蝙蝠能达到每小时65千米,不过大多数和蝙蝠大小差不多的鸟类也飞不了那么快。

相对于它们的体重而言,蝙蝠翅膀的面积比典型的鸟类更加大。它们缩减了自己的体积,这对克服它们自己的重力来说是必需的。有些动物飞行的时候要把孩子背在身上,有些动物飞行的时候要捕捉比自己体积还大的猎物,对这样的动物来说,这是很重要的。

根据记载,有一只美洲红蝙蝠落地时背上背着它的四个孩子,它们加起来有母蝙蝠的两倍那么重。母蝙蝠落地后虽然再也飞不起来了,可是它却是带着这样沉重的负担从别处飞来的。

知识窗

　　蝙蝠的心脏按动物的规格来说，是一般陆地上的哺乳动物的两倍，而且血液中氧气的含量很高。很显然，这些都是为了适应飞行的结果。蝙蝠心脏跳动的频率也很快，根据测量，一只矛鼻蝙蝠休息的时候，心律是每分钟522次，但是当它飞行的时候，就会增加到每分钟822次；而且休息时它呼吸的频率是每分钟180次，但是当它飞行的时候，呼吸的频率会变成休息时的3倍。

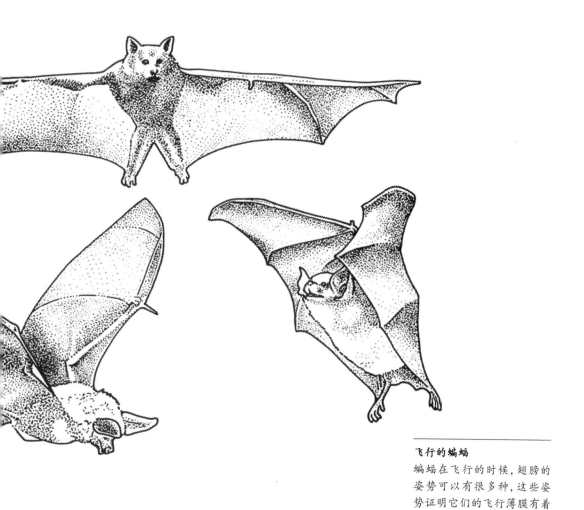

飞行的蝙蝠
蝙蝠在飞行的时候, 翅膀的姿势可以有很多种, 这些姿势证明它们的飞行薄膜有着很好的柔韧性。

认　路

蝙蝠发出的声音频率非常高, 这些蝙蝠用来进行回声定位的声音超出了人类一般能够听到的范围。还有一个原因是因为这些声音就像空气压缩打孔机发出的声音那么响。有一些种类的蝙蝠是从喉咙发出声音, 然后从口腔把声波发射出去, 另一些种类的蝙蝠则

大部分蝙蝠都不是瞎子, 它们在朦胧的黑暗中也能看得很清楚。不过即使是在完全黑暗的地方, 蝙蝠也能通过听觉来认路。为了做到这一点, 蝙蝠先要自己发出声音, 然后再接收从它前面的物体上反射回来的声波。

收集回声

棕色长耳蝙蝠的耳朵非常大，而且耳根有一个长钉子形状的耳屏。这样的耳朵可以帮助它收集、分析回声。

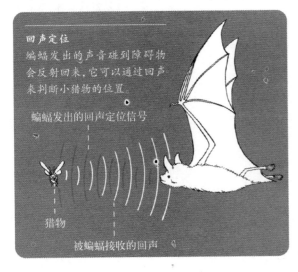

回声定位

蝙蝠发出的声音碰到障碍物会反射回来，它可以通过回声来判断小猎物的位置。

蝙蝠发出的回声定位信号

猎物

被蝙蝠接收的回声

经过鼻子把声波发射出去。不用说蝙蝠那各种各样的外耳，就连它们那看上去很奇怪的耳郭、长得像长钉子一样的耳屏，脸上马蹄形的区域、皱巴巴的皮肤，好像都是为了更有效地聚集声波，或者让声波沿着特定的方向发散而设计的。

蝙蝠似乎可以通过回声定位来飞行，飞起来一点错误也不会犯。它们可以绕开树木、树枝和其他任何障碍，还可以通过那些小昆虫身上发出的回声将它们定位，把它们抓住当作食物。不同种类的蝙蝠发出声波的频率也不一样，它们也通过自己发出的声波的类型来互相区分。一种常见的类型是按照有规律的时间间隔发出叫声，当感觉到可能有猎物的时候就提高频率，来获得更多信息，然后蝙蝠就开始导向目标追踪。那些在树叶或地面上找食为生的蝙蝠，发出的声音比较小，可能是为了避免从地面反射回来的声波太强烈。

大部分回声定位的动物都属于微型翼手目动物。食果蝙蝠通常用它们的耳朵来认路，不过栖息在山洞里的棕色食果蝙蝠是个例外。它们采用的办法是不停地咂舌头，然后听回声来认路。它们的回声定位系统远远不如那些吃虫子的蝙蝠发达。

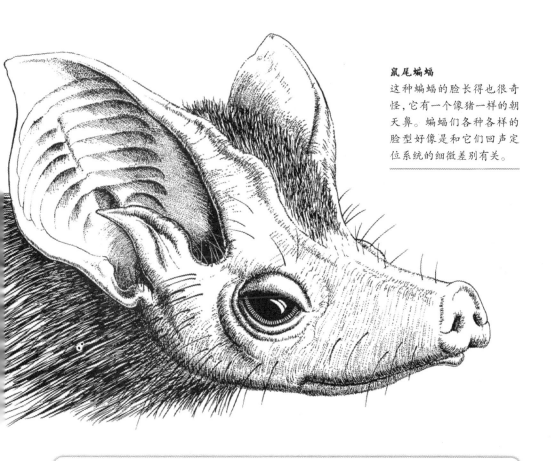

鼠尾蝙蝠

这种蝙蝠的脸长得也很奇怪，它有一个像猪一样的朝天鼻。蝙蝠们各种各样的脸型好像是和它们回声定位系统的细微差别有关。

知识窗

　　1794年，一个名叫斯帕兰泽尼的意大利人告诉人们，如果不蒙上蝙蝠的耳朵，那么它即使不用眼睛也能飞得很好。这件事很难解释。直到1938年人们才得到了足够的实验条件，证明蝙蝠能发出人们听不见的声音，接下来的实验才开始证明蝙蝠是怎样利用这些声音的。

蝙蝠和小虫

　　蝙蝠在飞行中捕捉昆虫是很常见，大部分昆虫都是蝙蝠用嘴抓住的，不过有些时候蝙蝠也会用翅膀把想逃跑的昆虫挡回来，再送到嘴巴里。很多蝙蝠会

最早的蝙蝠就是以吃昆虫为生的,现代的很多蝙蝠仍然保留着这个习惯。虽然人们看不见,但是在漆黑的夜里,它们吃下了数不清的昆虫。人们认为,这些昆虫中有很多是害虫,比如说蚊子就是其中的一类。

用尾巴和附在尾巴上的飞行薄膜构成一种特殊的袋子,这个袋子可以用来从空气中捞食物,而且当蝙蝠嘴里已经塞得满满的,或者是刚从一个大猎物上咬下最美味的部位的时候,这个袋子也是一个临时存放猎物的好地方。蝙蝠即使在飞行的时候,也可以从这个袋子里翻找食物。

有些蝙蝠吃的昆虫个头很大,比如说飞蛾或者是蟋蟀,其他的蝙蝠吃的都是小得多的昆虫。昆虫飞行的时候会发出嗡嗡嗡的声音,所以蝙蝠

翅膀的用处
有时候蝙蝠会用翅膀把昆虫扒拉到嘴里,或者把它们放到尾巴那儿的"袋子"里。

吃快餐(左图)
蝙蝠飞行的时候可以从它尾巴那儿的"袋子"里翻出食物,一边飞一边吃"快餐"。

尾巴的用处(下图)
有些蝙蝠飞行的时候会用尾翼把大昆虫捞起来。

掠过水面

水鼠耳蝠经常在水面低低飞过，捕捉那些从水面升上来的蚊子一类的小虫。

就能听到它们，不过如果昆虫太小了，蝙蝠特有的回声定位系统探测不到它的话，蝙蝠就捉不到它们了。蝙蝠吃掉的昆虫数量是非常惊人的。人们发现，家蝠在回家的路上要吃掉的昆虫重量，相当于它自身体重的25%。有时候，仅仅半个小时之内，蝙蝠就能捕到这么多昆虫。一只家蝠体重的1/4，相当于1 250只小飞虫。照这样看来，一窝家蝠一个月要吃掉几百万只昆虫。

蝙蝠吃掉的昆虫大小不一，为了适应这一点，蝙蝠会用不同的办法、在不同的地方捕食。欧洲一些种类的蝙蝠，比如说水鼠耳蝠，常常轻轻地拍动翅膀，在离水面很近的地方飞行，这样来捕捉蜉蝣、蚊子和石蛾。家蝠飞得相当低，在飞行过程中还经常通过翻跟斗、转身来捕捉猎物。褐色大蝙蝠飞得很高，而且相对来说它们飞得很直，它们捉的猎物都是像蝴蝶和飞蛾之类的大昆虫。长耳蝙蝠总是在草木间慢慢地飞行，它们常常一边盘旋，一边在树叶上寻找它们的猎物。

肉食性蝙蝠

古代的假吸血蝠是一种大型蝙蝠，其中体形最大的是澳大利亚假吸血蝠，它们生活在澳大利亚，它的翅膀完全展开以后有60厘米长，头和身体加起来总共有14厘米长。它的捕食方式很特别：先是挂在树枝上，等待猎物，等

假吸血蝠
尽管从名字来看，它不是吸血的生物，但是，它的确是一个残忍的杀手。

吃青蛙的蝙蝠
吃青蛙的蝙蝠的鼻子前面有一个像牙一样的又长又尖的东西，这是这种蝙蝠所属家族的典型特点。

渔夫蝙蝠
这种蝙蝠通过回声定位系统探测生活在水面上层的鱼类，根据可能意味着小鱼存在的浪花返回的信号来定位，一旦收到信号，它就降低高度，贴着水面飞行，两只像利钩一样的脚放在水面下，伺机捕获鱼类。

知识窗
吃青蛙的蝙蝠也是属于鼻子又长又尖的种族，它能够根据青蛙的叫声来判断它是可以吃的还是有毒的。

到猎物靠近时，它就突然飞下来猛扑过去抓住猎物。它以老鼠、小型的有袋动物、鸟类、蝙蝠和爬行动物为食物。亚洲和非洲的假吸血蝠还吃一系列体形比较大的动物，有时候甚至飞到人们的房子里去抓墙上的蜥蜴吃。在美洲，有一种鼻子又长又尖的蝙蝠家族，这个家族的某些体形比较大的蝙蝠都是吃肉的，其中体形最大的是魔鬼假吸血蝠，它的翅膀完全展开以后有90厘米长。魔鬼假吸血蝠一般吃小型的哺乳动物和鸟类，它捕食陆生动物的时候，先是跟随在猎物的后面，然后突然抓住猎物，用它那大大的牙齿咬破猎物的头。它有时候也吃一种小型的耳朵又长又尖的蝙蝠，这种小型蝙蝠的翅膀完全展开以后只有45厘米长。

有一小部分种类的蝙蝠只吃鱼类，比如渔夫蝙蝠生活在中南美洲，捕食湖里和海里的鱼类。它有两条长长的后腿，两只又细又长的爪子，当它在水面上飞行的时候，爪子就放在水里面浮动，但是水面几乎一点动静也没有，它的利爪能够抓到最长可以达到9厘米的鱼类（比如凤尾鱼），并且可以把它们刺穿。它身体尾部有一个小口袋，可能是用来存放食物的。它的犬齿很大，上嘴唇形成了一个小口袋，可以帮助它装外表很滑溜的鱼类。它身上的毛很短，而且含有很多油脂，因此，它身上的水很快就顺着毛皮流下来，这样对保持毛皮的干燥很有利。另外一种吃鱼类的蝙蝠——钓鱼蝠，属于小型棕色蝙蝠家族。钓鱼蝠生活在墨西哥海岸，它捕食鱼类的方式和渔夫蝙蝠一样，也是把两只利爪放在水里跟随鱼类，然后伺机抓住它。不同的是，它的尾部有一层薄膜，像小勺子一样，可以用来保存小鱼。

吃青蛙的蝙蝠

这只蝙蝠通过青蛙的叫声来进行导向目标追踪，并且以此来给它的猎物定位。

吸血蝙蝠

吸血鬼确实存在,但是它们都是来自中南美洲的小型蝙蝠。吸血的蝙蝠总共有三种,它们只吸食热血(恒温)动物身上的血。它们晚上出来袭击猎物,因为动作很轻,所以猎物很少被惊醒,也很少会发觉被它们吸了血。

世界真奇妙

因为血液很容易消化,所以相应的,吸血蝙蝠的消化系统性能也比较普通,但是因为要容纳非常多的血液,所以胃的第一部分很大而且有很好的弹性。为了排出食物里面多余的液体,吸血蝙蝠每天都要排出很多尿。

吸血蝙蝠包括头部和身体在内,最长的也只有9厘米,它们的牙齿比其他种类的蝙蝠少得多,但是它们的犬牙和门牙很锋利。吸血蝙蝠一般一边在天空中飞行,一边寻找它们的猎物,一旦找到了食物,它就落到地面,用四只脚轻轻地爬行。吸血蝙蝠先找到皮肤上一块温度比较高的地方(也就是血管靠近皮肤表面的地方),然后就飞快地在猎物的皮肤上咬开一个小口,这样血液就流出来了。接下来它就开始舔食流出来的血液,同时,吸血蝙蝠会把它的唾液滴进猎物皮肤上那个小小的伤口里,唾液里面含有一种抗凝血剂,这样就可以成功地阻止猎物血液的凝固,而血液也就会源源不断地流出来,吸血蝙蝠就可以安心地吸食血液,直到吃饱为止。

吸血蝙蝠一般要15分钟才能吃饱,它一次吸食的血液重量相当于它自己体重的40%。一只吸血蝙蝠可能一个晚上连续吸食一个猎物(我们称它的猎物为"宿主")的血液好几次。虽然,有一个宿主动物一晚上可能会被好几个吸血蝙蝠吸食血液,虽然失去这么多血液对宿主动物自己的身体可能没有致命的结果,但来自吸血蝙蝠

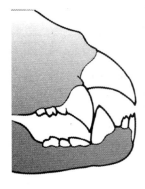

吸血蝙蝠的牙齿
这些牙齿可以剃去皮肤上的毛,然后轻轻地咬开一个小口,而不让猎物感到疼痛。

吸血蝙蝠的颅骨
从这具头骨得知,吸血蝙蝠的牙齿数量很少,但相对较大。

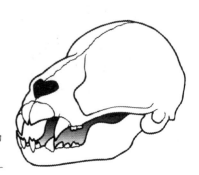

真正的危险是它们身上有些可能带有狂犬病毒，会传染给它吸食过的动物（包括人类），而狂犬病毒是致命的，至今人们仍然没有找到治疗狂犬病毒患者的方法。400年以前，当欧洲人到达美洲土地上的时候，他们带去了很多家养的哺乳动物，在很多地区，这些家养的哺乳动物现在仍然是主要的大型哺乳动物。而且这些哺乳动物是吸血蝙蝠最大的吸食目标，而人类反而很少被吸食。

在三种吸血蝙蝠里面，有两种偏爱鸟类的血，但是所有的吸血蝙蝠都吸食哺乳动物的血。它们不需要像其他蝙蝠一样，利用回声定位系统来探测寻找猎物所在的位置，实际上，人们认为，在它们寻求猎物的过程中起重要作用的是视力和嗅觉。吸血蝙蝠与其他绝大部分

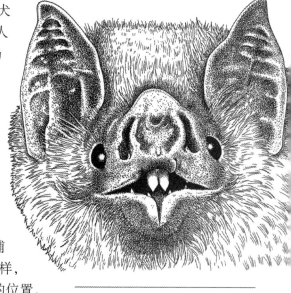

吸血蝙蝠（上图）
这是吸血蝙蝠的脸的正面，这是一种很小的但有时候会致命的哺乳动物。

在陆地上（左图）
吸血蝙蝠能够很好地用四肢行走，它们用四只脚悄悄地逼近它们的吸食目标。

蝙蝠另一个不同点在于它们是生活在陆地和天空的双栖动物,能够用四肢顺利地奔跑,而且奔跑的时候身体利用四只脚和腕关节的支撑,离地面很高。当然,它们也能够跳跃。

食果蝙蝠

大蝙蝠亚目,是体形比较大的食果蝙蝠,人们经常称它们为狐蝠,但是它们除了大大的眼睛、长长的光滑的嘴和鼻子之外,没有任何的共同之处。

食果蝙蝠生活在非洲、亚洲和大洋洲的热带地区,以及太平洋的一些岛屿上。虽然某些种类的体形很小,但是有一种食果蝙蝠是世界上体形最大的蝙蝠,它的翅膀完全展开以后有1.7米长,重量可能有1.2千克。所有的食果蝙蝠都没有尾巴。食果蝙蝠的臼齿很平坦,一块很大的隆起横穿它的嘴的上颚,这样就可以用它和舌头一起来挤压、磨碎食物。

在美洲的热带地区,生活着大约30种食果蝙蝠,虽然它们吃东西的方式和旧大陆的食果蝙蝠很相像,但是它们都属于小蝙蝠亚目里鼻子又尖又长的那个家族。所有食果蝙蝠都生活在热带,因为世界上只有热带一年四季都能为它们提供特殊的食物,当它们飞行的时候,小蝙蝠亚目是用眼睛来识路的,但是当它们要寻找食物,也就是成熟水果的时候,它们还是要依靠嗅觉。由于适应了以森林里的野生水果为食物,它们有时候会受到商业大种植园里的水果诱惑,跑去偷吃,这个时候,它们就成了人类的害虫。

食果蝙蝠吃东西的时候会挂在树上,或者带着食物到处跑,随便到任何一个地方吃。有些食果蝙蝠要摘掉一部分水果的时候,它们甚至可以盘旋在空中。它们吃食物的时候,会把食物彻底地嚼碎或压碎,但是只会把柔软的果肉咽到肚子里,而把水果的核和种子吐出来。正因为如此,食果蝙蝠对森林里很多果树种子的传播起了很重要的作用。食果蝙蝠吞咽到肚子里的食物含有大量的糖分和一些纤维,而糖分是很容易消化的,因此,它们的消化系统非常短,非常简单,食物也消化得很快。

一般来说,食果蝙蝠都是很强壮的飞行家。

一个栖息的群落
可能会有数量众
多的食果蝙蝠栖
息在一起。

狐蝠
这种食果蝙蝠的最典型的
特征是它那大大的眼睛和
长长的鼻子。

它们要有长途飞行的能力去寻找成熟的水果,而且有可能还要在一年不同的季节去寻找不同的水果,很多种类的食果蝙蝠都有自己特殊的栖息地,经常是很高很高的树,而且它们可能会在同一棵树上栖息好几年。有些情况下,可能会有超过100万只食果蝙蝠同时在一个地方栖息。通常的情况是,它们栖息的地方离食物比较远,它们每天都要飞过一段距离去吃东西。食果蝙蝠每胎只生一个孩子,那些妈妈们只陪幼小的蝙蝠几个星期的时间。

吃花的蝙蝠

有些蝙蝠以花卉为食物,花蜜为它们提供了容易消化的糖分和花粉,而且花蜜中含有丰富的蛋白质和矿物质。

如果蝙蝠的舌头很长,可以自由地伸进伸出,一直伸到花朵最深的地方,那么它就能够解决够不够得着花蜜的问题。对一些吃花粉的蝙蝠来说,它们舌头的长度可以达到身体长度的1/4。一般情况下,它们的舌尖有一个乳状突起,把舌头的尾部变成刷子,这种刷子最擅长的就是舔食花粉了。

以花粉为食物的蝙蝠生活在比较温暖的地区,它们或者属于大蝙蝠亚目,或者属于美洲的那种鼻子又尖又长的家族。绝大部分吃花粉的蝙蝠体形都比较小,但是,它们也许是这个星球上最重要的哺乳动物之一,如果没有它们,很多植物就会灭绝。通过舔食花粉这种行为,吃花粉的蝙蝠实际上也是在为那些夜里开花的植物授粉,很多花的形状都像很深的喇叭,而且很多花都倾向于长一个花粉囊,里面有很多花粉。吃花粉的蝙蝠虽然也浪费了很多花粉,但是,当它们吃花粉的时候,身上会沾上一些细小的花粉颗粒,当它们飞到另一朵花上吃花粉的时候,就把上一朵花的花粉粘到这朵花上,这样就完成了植物授粉的过程。例如,

长鼻蝙蝠
这种蝙蝠有一条巨大的舌头,它的舌头能够伸到花朵最深的地方。

香蕉花的花蜜每天只在从黄昏到半夜这一段时间流出来，过了半夜就不流了，它是故意吸引吃花粉的蝙蝠来为它们授粉的。西番莲的花每天只在深夜到黎明这一段时间里生产花蜜。吸引蝙蝠授粉的花儿可能是白色或黄色等比较浅的颜色，它们可能不那么引人注意，主要依靠发出的气味来吸引蝙蝠。为了让吃花粉的蝙蝠更容易接近它们，这些花朵一般开在疏朗的叶子或者叶子处长出的硬刺上，或者开在树的主干上。

有些蝙蝠吃花粉的时候可以在空中盘旋。其他的蝙蝠是飞过花朵的时候，降落到花朵上，然后用舌头飞快地蘸一下花蜜。墨西哥长鼻蝙蝠总是成群结队地飞行，一群里面至少有二十多只蝙蝠。一群蝙蝠中如果有一只找到了花丛，它们就排着队去舔食花蜜，当这个花丛的花蜜变少后，它们就去寻找其他的花朵。吃花粉的蝙蝠会给龙舌兰授粉，龙舌兰是酿造龙舌兰酒的原料；它们还会给那些巨大的树形仙人掌授粉，这种仙人掌也是其他很多种动物的美食。

知识窗

作为一个授粉者，蝙蝠到底有多么重要？在美洲，人们已经知道蝙蝠为超过500种的植物授粉，而实际情况很可能比这还要多得多。在旧大陆，蝙蝠也是很重要的授粉者。

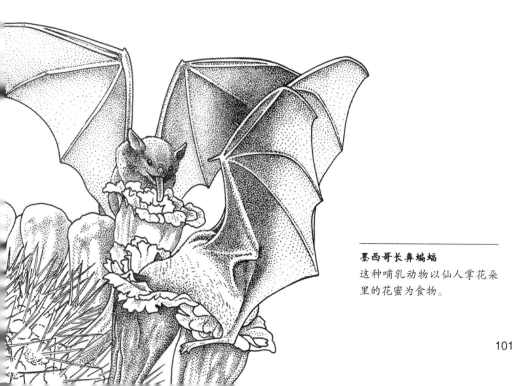

墨西哥长鼻蝙蝠
这种哺乳动物以仙人掌花朵里的花蜜为食物。

101

第六章

迁 徙

为什么要迁徙

对大多数鸟类而言,迫使它们迁徙的最重要因素可能不是温度,而是得不到充足的食物。冬天的时候,以昆虫为食物的鸟类生活的地方,可能会没有足够的昆虫来填饱它们的肚子,因此,它们必须迁移到别的地方去寻找食物。人们也许要问:既然如此,它们为什么不一直待在热带地区呢?那里一年四季每天都有充足的食物。答案是:夏天飞回到气候比较冷的地方也有很多优势,一是能够充分地利用那里丰富的季节性的虫子;二是那里白天时间很长,它们可以捕食更多的虫子;三是这个时候也是繁殖的好时节。

欧洲和亚洲北部大约2/5的鸟类都是迁徙的,有人曾经计算过,每年大约有500万只鸟从北方往南方迁徙,只有相当少的一部分有可能会返回原来的地方。鸟类是迁徙数量最多、迁徙距离最远的动物,但是其他飞行的动物也迁徙,甚至一小部分的昆虫和某些种类的蝙蝠也是迁徙的,但是它们都没有高高地在空中飞行的鸟类迁徙得远。

人们给迁徙下定义时,认为迁徙的特征是:如果能够活着返回的话,动物每年会做一次往返的旅行。迁徙与某些动物的游荡不同,与某些动物由于某种偶然因素大规模地迁移也不同。比如,某个动物种群突然大量地繁殖,比通常年份所繁殖的数量多很多,就会导致种群数量大幅度增加,大大超出通常年份所增加的数量,它们就要被迫迁移。像朱缘蜡翅鸟和星鸦等某些鸟类,它们生活在北方的针叶林中,在风

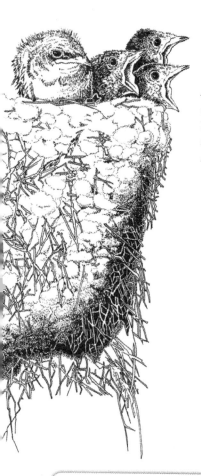

燕子的巢

不久以后这些幼小的燕子就要开始飞往非洲的长途旅行,它们要自己寻找飞往非洲的道路。

重返家园

从阿根廷迁徙回来,这只燕子可能会回到阿拉斯加它自己原来的巢里去。

知识窗

　　鹡鸰每年要从南往北横穿撒哈拉大沙漠,飞行大约2 000千米,它穿越撒哈拉之后的重量比穿越之前少了9克,失去的重量主要是飞行过程中消耗的脂肪。

旅行家
在食物丰富的年份,朱缘蜡翅鸟可能会飞到很远的地方,超出它们平时的生活范围。

调雨顺的年份,它们的种群数量就会突然剧增,然后迁移,但是它们并不做规律的往返旅行。

迁徙可以让动物们找到食物丰富的地方,但是,迁徙本身也要消耗大量的能量。而且,迁徙本身的过程也是很危险的,有天气的因素,也有可能在路途中遭遇饥荒,还要经过许多不熟悉的地区,这些地区有很多食肉动物。有些鸟类迁徙前要增加很多脂肪,最多可以达到它们身体重量的一半,即使这样,它们到达目的地的时候也有可能濒临饿死,除非它们在途中能够找到食物丰富的地方补给能量。

回 家

为了成功地迁徙,蝙蝠和鸟类要有控制飞行方向的能力。在局部地区,鸟类能够记住路标。

迁徙的时候,燕子不太可能记住飞往南美洲必须要经过的所有路标,也不太可能第二年春天刚好回到它以前住的那个鸟巢。动物们第一次迁徙的时候也不太可能记住它们要记住的所有事情,有关动物迁徙的很多事情还有待人们去发现,但是,我们知道的信息已经能够展现出迁徙的动物们不同寻常的能力。

在晴天的时候,一只回家的鸽子能够立即辨认出家的方向;而在阴天的时候,直觉的反应就不那么准确,但是鸽子通常也能找到回家的路线。看样子似乎是鸽子能够利用太阳作为指南针来判断自己的位置。当然,由于太阳每天都东升西落,鸽子

回家路途中的鸽子
鸽子能准确找到回家的路线,这种能力使它被人类用来传送信件。

还需要知道时间才能够准确判断自己的位置，它自己身体内部固有的生物钟能够告诉它时间。经过试验，人们发现其他鸟类也有类似的功能，白天迁徙的鸟类可以利用太阳作为方向信号。然而，很多种鸟类是晚上迁徙的，它们不能利用太阳，但是，它们能够利用天空中星座的位置控制飞行方向。

当天空中乌云密布的时候，鸟类利用上述方式控制飞行方向的准确性就比较差，但是此时它们仍然有能够利用的线索来辨别飞行方向。地球两极的极光或者紫外辐射不会被厚厚的云层挡住，有些鸟类能够利用它们来控制飞行的方向。某些鸟类头部细微的磁力会扰乱它们判断方向的准确性，因此，人们猜测它们通常利用地球磁场中的线索来判断方向。有些鸟类还有可能利用频率很低的声音来控制飞行的方向，而这种低沉的声音人类是听不到的，这种声音是风吹过山峰或者海岛的时候所产生的，能够达到几千千米远。

个别鸟类能够利用多种辨别方法控制飞行的方向。它们的这种能力是天生的，不需要学习就能得到。到现在为止，蝙蝠和昆虫长途飞行的时候如何控

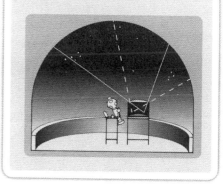

世界真奇妙

在鸟类迁徙的时候，把鸟类放到天文馆里面，改变其"天空"，就会使鸟类面向星星指示的方向，而不是鸟类应该迁徙的方向。

南美产大怪鸱

南美产大怪鸱（右图）的超音速声波能够帮助它们在黑暗的环境中，利用导向目标追踪寻找它们的巢。人们能够记录这种波并且把它在示波器上显示出来（下图）。

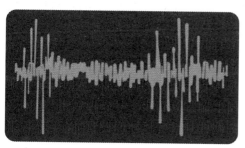

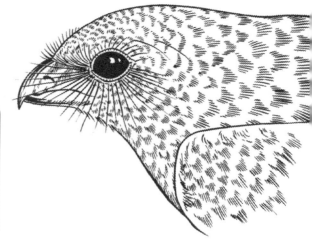

制飞行的方向,人们知道的还很少,但是有迹象表明,蝙蝠可能利用地球磁场、某些蝴蝶利用太阳控制飞行的方向。

昆虫的迁徙

大部分昆虫并不像人们直觉想象的那样迁徙,昆虫个体不是随着季节迁徙,然后晚些时候再迁徙回到原来的地方。大部分的"迁徙"对个体来说都是有去无回的单程旅行。

蝗虫是一种特别的蚱蜢,它们通常是一只只地单独生活。但是,当条件异乎寻常地有利的时候,在雨天过后,雌蝗虫就会产下很多卵并且成功将它们孵化,这时,蝗虫的密度就会突然增加很多。幼小的蝗虫不能飞,它们在陆地上到处走动和吃东西,发育后,颜色比它们独居的父母鲜艳得多,行为也和父母不一样,它们一般群居,彼此之间很亲密。

这是一支由跳跃者组成的不断移动的大军,最后,它的成员们长出了翅膀,开始大量地飞向天空。虽然一只蝗虫吃的东西很少,然而一个群落全部的蝗虫(几乎有几十亿只)加起来吃得就很多很多,甚至会造成灾难性的后果。1957年,非洲一个较大的蝗虫群落就吃掉了足够100人吃的庄稼!最后,蝗虫群落来到了一个环境不适合它们的地方,就会被饿死。它们不会回到出生的地方。

许多种类的蝴蝶也做这种单程旅行。大红蛱蝶是大不列颠岛上很普通的一种蝴蝶,但是到冬天的时候,它们几乎没有能够幸存下来的。到了下一年夏天,从欧洲大陆飞过来的蝴蝶就会补足它们的数目。每年早些时候它们在欧洲南部繁殖,下一代就往北飞,直到有一批蝴蝶飞

蝗虫
蝗虫虽然是很强健的飞行家,但是当它们成群结队地飞去寻找食物的时候,还是要受到风的支配。群居期的成年蝗虫,翅膀上有很深的斑点。

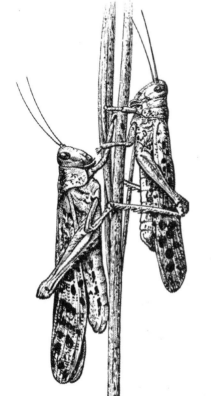

群居期的幼虫

群居期的成虫

独居期的幼虫

独居期的成虫

两个阶段
比起那些"正常的"、独居期的亲戚,群居期的蝗虫身上的颜色和图案会更加鲜艳。

到大不列颠岛上。大红蛱蝶是另一种每年迁徙到北欧的蝴蝶,有些甚至来自非洲北部。通常,我们并不知道这些蝴蝶飞了多远的路程,在菜粉蝶一生仅仅3周的时间里,它可以从它出生的地方飞到300千米远的地方。

　　在非洲,有许多种蝴蝶随着季节的变化来来回回地迁徙。迁徙的蝴蝶中,最有名的要数北美的帝王蝶了,这种蝴蝶秋天的时候往南飞,在墨西哥中部的林区里冬眠,到了下一年春天,它们再开始往北飞,然后繁殖,生出下一代。

蝴蝶树
冬天,墨西哥中部林区会有数以千计的帝王蝶挤在一棵树上的景象。

蝙蝠的迁徙

当寒冷的冬天到来的时候,面对着没有昆虫、没有食物的情况,蝙蝠一般会采用与鸟类完全不同的生存策略:冬眠。蝙蝠会找一个隐蔽的地方,冬天的大部分时间里它们都蛰伏在那里冬眠。冬眠的时候,虽然它们有些时候遇到适合的天气,也会短暂地出来活动一段时间,但是它们身体的温度和身体器官活动频率都会降低许多。大部分大不列颠岛上的蝙蝠一般会一直冬眠到将近第二年的夏季,那些生活在冬季气候异常寒冷的地方的蝙蝠就需要迁徙到温暖的地方。褐色大蝙蝠是一种很强壮的飞行者,每年秋天的时候它们都会从俄罗斯向南飞500千米甚至更远。

虽然在远距离迁徙这种活动上,蝙蝠们不是鸟类的对手,但是,人们已经知道,许多种蝙蝠在某些地区之间规则地随季节变化而迁徙。这些地区通常包括那些对冬眠来说很重要的地方,还包括那些特别适合做"托儿所"的地方,有些蝙蝠飞到那里去培育它们的后代。

在北美洲,到秋天的时候,数量众多的红色蝙蝠和灰白色蝙蝠就会离开加拿大和美国北部,飞行数百千米,飞到美国南部过冬,然后第二年春天再返回它们自己的家园。

一种小型棕色蝙蝠会采用与众不同的方式过冬,它们通常聚集在一起冬眠。条件合适的山洞可能会吸引很大一批这种蝙蝠前去冬眠。到冬天的时候,美国埃俄罗斯山、佛蒙特山的山洞里,经常会聚集30万只这种蝙蝠冬眠。根据

褐色大蝙蝠的迁徙路线
这些做过记号的蝙蝠迁徙的距离十分惊人。

家蝠是人们意料之外的一种迁徙者,这些小型蝙蝠并没有出名的飞行能力。人们给家蝠做了记号,发现它们竟然能从俄罗斯飞到保加利亚、土耳其和希腊。有一些单程就可以达到1 600千米。

脚环(动物学家实验用的系在动物脚上的一种环,它可以用来跟踪动物的踪迹)显示,到了夏天,这些蝙蝠会分散到大约274千米宽的地区。肯塔基山的山洞给印第安纳蝙蝠以隐蔽的冬眠之处,从印第安纳蝙蝠的名字我们可以知道,这种蝙蝠生活在印第安纳州,到第二年春天的时候,它们要往北飞行超过483千米才能回到原来生活的地方。荷兰和挪威著名的蝙蝠冬眠"胜地"是石灰石的山洞和采石场里的石柱,它们吸引了80千米以外甚至更远地方的蝙蝠前来冬眠。

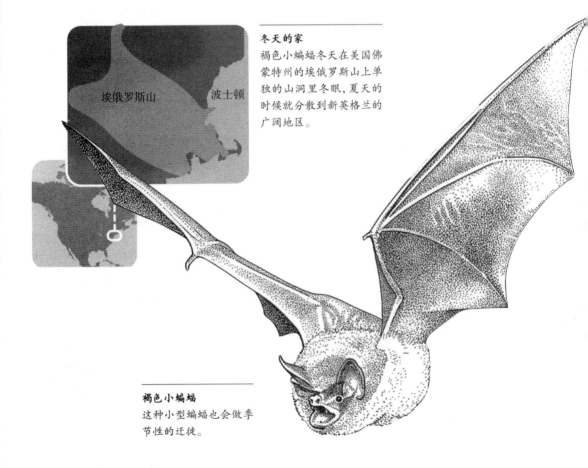

埃俄罗斯山   波士顿

冬天的家
褐色小蝙蝠冬天在美国佛蒙特州的埃俄罗斯山上单独的山洞里冬眠,夏天的时候就分散到新英格兰的广阔地区。

褐色小蝙蝠
这种小型蝙蝠也会做季节性的迁徙。

有些食果蝙蝠会随着季节迁徙,但是它们的这种习惯与天气寒冷关系不大,而与水果的丰富程度或者雨季和旱季的交替变化有很大关系。例如,在西部非洲的象牙海岸,当热带稀树大草原地区的雨季来临,食物开始丰富的时候,脖子上有领圈的小型食果蝙蝠就从森林地区往北飞行到那里去。然后在这一年的晚些时候再飞回到森林地区。

鸟类的迁徙

通过安装在某些鸟类个体上的项圈,科学家们能够跟踪鸟类的迁徙路线。有些路线与人们所期待的相符:海鸟迁徙的时候一般从海洋上飞行,而不是陆地上空;而很多陆地鸟类迁徙的时候则尽量减少穿越海洋上空的飞行。在北美洲,许多主要地理特征都是南北变化的,许多迁徙的鸟类趋向于沿着这些地理特征飞行。在洛基山脉的西边一侧就出现了一条候鸟迁徙的太平洋路径,水禽

世界上很多地方,迁徙的候鸟比不迁徙的留鸟数量要多得多。在北美洲,不论体形大小,从蜂雀到稀有的美洲鹤,所有的鸟类每年都要迁徙到南美洲以避过北美洲的寒冬。以前由30亿只候鸽组成的巨大的鸟群飞过天空的时候,会把太阳都遮住了,可是后来候鸽遭到了人们的捕杀,到了1900年的时候,它们就灭绝了,所以我们现在再也看不到北美洲历史上最壮观的迁徙景象了。

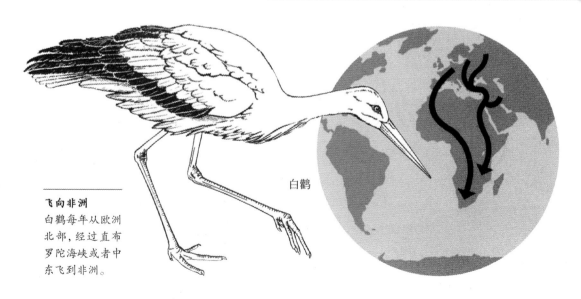

白鹳

飞向非洲
白鹳每年从欧洲北部,经过直布罗陀海峡或者中东飞到非洲。

知识窗

某些鸟类,在它们夏天活动的范围内,一部分区域内个体迁徙,而其他区域的个体却不迁徙。在北美洲,嘲鸟家族的许多鸟类都要迁徙,但是一部分仍然留下来度过寒冷的冬天。

和许多生活在陆地上的鸟类都沿着这条路径迁徙;密西西比河则是另外一条主要的路径,山鸟类、画眉、鸣鸟类和海滨的鸟类沿着这条路径迁徙。

欧洲迁徙到非洲的鸟类也有两条路径可以选择,一条横穿过直布罗陀海峡和摩洛哥;另一条经过地中海的最东端,而不必在它最宽的地方横穿过去。白鹳经过地中海周围的那条路线取决于它生活的地方。

现代鸟类中迁徙的候鸟可能起源于地球上最后一个冰期的末期。当冰块融化的时候,鸟类就可以扩大它们夏天寻找食物的活动范围,但是等到北半球进入冬季的时候,它们仍然要回到原来所生活的既安全又温暖的地方。渐渐地,夏天寻找食物的范围越来越大,有些鸟类发现了新的过冬的地方,这些地方在它们夏天寻找食物的正南方。例如燕子,它们可能起源于非洲,但是夏天的时候,人们可以在北半球的很多地方见到它们。现在北美洲的家燕还会迁徙到南美洲过冬。

有些鸟类虽然夏天广泛地散布在一个巨大的范围之内,但是到了冬天,它们仍然沿着传统的路线迁徙回到起源的地区。夏天生活在阿拉斯加的麦翁在返

迁徙路径

燕子和麦翁迁徙时的飞行路径,已经有几千年的历史了。

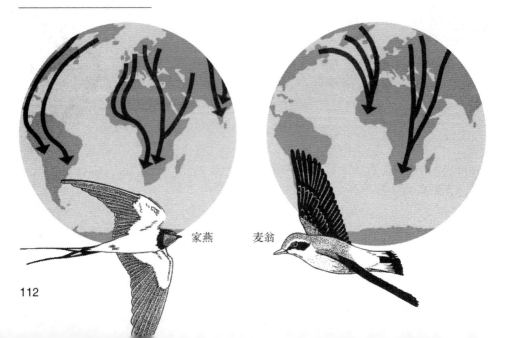

家燕　麦翁

回非洲的途中，要横穿过整个亚洲；而生活在格陵兰岛和加拿大东部的鸣鸟则先要飞到欧洲，然后和那里的鸣鸟一起飞回非洲。这两条路径都是从北美洲的两侧出发，它们几乎和麦翁迁移到美洲大陆的路径相同。阿拉斯加的柳莺也要迁徙很长的路程才能到达非洲。

最了不起的旅行家

某类燕子每年秋天要迁徙到非洲南部或者阿根廷，然后第二年春天再回来。迁徙的每个单程都要飞行1.1万千米。但是，它们还不是迁徙的候鸟中飞行最远的。

北极燕鸥夏天在北半球北极圈周围区域繁殖。当北半球进入冬季的时候，它们就迁徙到地球的另一边，到达南极洲的边缘。一只北极燕鸥　生绝大部分时间都是在白天度过的，因为夏天南极会出现极昼现象。它们一年迁徙的总路程可以达到3.54万千米，这是人们公认

> 欧洲很多体形小的候鸟，每年到达目的地时要飞行9 000千米以上，在它们一生里，每年都要重复飞行这么远的距离。

的最长的迁徙路程，而麦翁每年从非洲返回阿拉斯加自己的家园，也要飞差不多这么远的路程。北极燕鸥迁徙路途大部分是从海洋上空飞过，而麦翁绝大部分则是从陆地上空飞过，它们都保留了各自的基本特征。有些鸟类迁徙的时候甚至还要横穿过有天敌的地区。生活在阿拉斯加的金海鸥每年都要迁徙到夏威夷，在迁徙的路程中，有一段超过3 000千米的路程需要一直飞行在海洋上空，途中连一个歇脚休息的机会都没有。新西兰杜鹃要飞行1 600千米甚至更远才

环游世界的旅行者
北极燕鸥是所有候鸟中迁徙距离最远的，每年它们都要从北极飞到南极，要飞3.5万千米远。

北极燕鸥

113

红颈蜂鸟

能到达目的地——太平洋中热带地区的岛屿。生活在格陵兰岛的某些鸣鸟,它们每年从格陵兰岛直接穿越大西洋飞到西班牙,而不是选择从冰岛中转,然后飞到大不列颠岛这条路径。这意味着,它们要在太平洋上空飞行3 000千米,在这一段时间里,它们要一直飞行,一刻也不能停下来,只有顺风的时候它们才能

知识窗

　　迁徙者飞行的时候总是飞得又高又远,体形小的候鸟迁徙的时候可能飞6 000米或者更高。有些时候,它们要飞越高山,这个时候它们总是选择最容易的路径。有些鸟类会飞越山的最高峰。斑头雁在从印度迁徙到它们亚洲主要的繁殖地点时,要翻越喜马拉雅山脉,有时候甚至飞得比世界最高峰珠穆朗玛峰还要高。

繁殖区域

过冬区域

斑头鹅

够不费力地滑翔，而在这3 000千米的路程中，逆风对它们来说是致命的打击。美国黑顶白颊林莺迁徙时也是选择从美国东部直接穿过加勒比海这条路径，然后飞到南美洲，这段路程总共有大约4 000千米。

人们已经知道，在飞行的过程中，为了更好地利用顺风，鸟类会经常改变飞行高度。即使是体形很小的蜂鸟，它们迁徙的时候，也经常会做令人惊奇的灵巧动作。红颈蜂鸟每年从美国迁徙到墨西哥尤卡坦半岛上，迁徙的每个单程要在海洋上空飞行800千米。

水生动物 | IN THE SEA

王中华/译

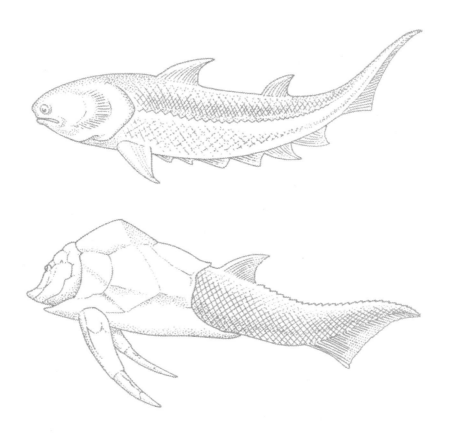

这一部分中，我们着眼于地球的进化历程、海洋生物的多样性和各种生物的特点，包括古代曾经存活的和现存的生物。我们共分八个章节向读者讲述：

第一章为赖以生活的水环境，讲述了海洋的范围，河流和湖泊是怎样形成的，回顾了这样的环境下生物是如何生存进化的。

第二章为水生无脊椎动物，从远古海绵体动物到螃蟹和磷虾，着眼于最早的水生生物的进化过程；同时介绍了软体动物的进化历程，如菊石如何进化为现代的鱿鱼。

第三章为鱼类和两栖动物，从远古的鲨鱼到火蜥蜴、蟾蜍和青蛙，描述了最早的脊椎动物的进化历程。

第四章为水生爬行动物，着眼于史前生物，如楯齿龙、蛇颈龙、鱼龙等，也描述了生活在水里的现代爬行动物。

第五章为水生哺乳动物，重点描述了鲸、海豚、海豹和海狮，它们都是生活在海水里的生物；也谈及淡水生物，如地鼠、野鼠和鸭嘴兽。

第六章为水鸟，描述了各种各样有翅膀的生物，它们一生中在某些时段和水有接触，在水边、水上或水下生活。

第七章为水生环境，着眼于各种各样的咸水或者淡水环境，讲述了生物是怎样适应这些环境的。

第八章为迁移，聚焦各种各样的咸水或者淡水生物，它们不时地横渡海洋或者顺着河流进行长途旅行。

第一章
赖以生活的水环境

海洋有多大

　　海洋提供了广阔的海底给动物们生活，也提供了海面给浮游动物们生活，浮游动物就是漂浮在海面上的小动物。在海面和海底之间的海水中，生活着其他游来游去的海洋生物。

　　虽然人们在海上航行、捕鱼已经有几千年了，可看到的还只是海洋表面很小很小的一部分。人类也看不到海洋究竟有多深，直到今天，海洋的深度仍是一个未知数。有的时候，是人类驾驶着机器去探险；有的时候，是精细控制的机器人去探险。在探险的时候，总能发现一些新的意想不到的动物。对于像我们这样生活在陆地上的生物来说，它们的样子有时是非常奇异的。在巨大的海洋里，住着已知的最大的动物，也住着最小的动物。一些鱼生活在巨大的浅滩里，比如金枪鱼、大群的像小虾一样的桡脚动物，它们和世界上最大的动物们生活在一起。

　　人们只能通过标本来认识某些动物。这些动物是本来就数量很少，还是它们生活在人们还没有探索过的海洋里呢？

　　海洋孕育了地球上最早的生命，也包容着许许多多各种各样的生物。

　　大陆架从大陆底部延伸到海洋，使靠近大陆的海洋相对变浅，大约为180米深。在大陆架的边缘，海底逐渐下降到深海平原，深海平原深约4 000米，构成了海底的主要地形。有的

　　比起陆地来，海洋能提供更多的生存空间。地球表面的70%都是海洋。海洋最深的地方，深度超过世界最高山峰的高度。如果把珠穆朗玛峰沉入海洋最深处，它也会完全被浸没。

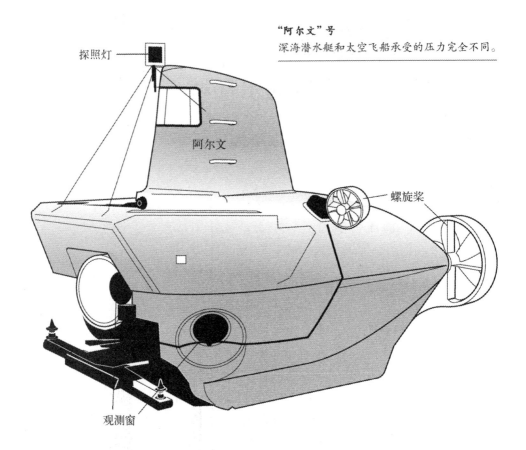

探照灯

阿尔文

螺旋桨

观测窗

桡脚动物
虽然很小，可是对海洋生物来说却是必不可少的，这些甲
壳动物通常成群聚集在水面。图中右边的一只正在搬运
某种卵状物，另一只有着可以伸缩的眼睛。

　　太平洋是世界上最广阔的大洋,面积大约为1.81亿平方千米。世界上最深的地方,马里亚纳海沟位于太平洋的海底,最深处在海平面以下11 034米。大西洋、印度洋、北冰洋的水加起来也没有太平洋的水多。

马里亚纳海沟

太平洋

地方,海底陷入深谷里,有的地方海底升起来形成火山。有的地方火山可以高出水面,但大多火山都在水面以下。在海洋中部的海底,还有绵延的山脉,高达1 800米。

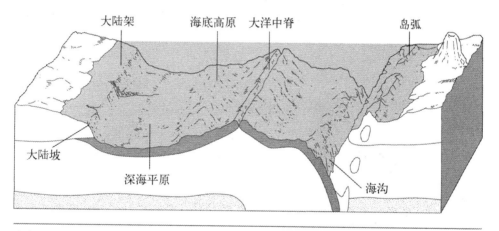

大陆架　　　海底高原　大洋中脊　　　　　　岛弧

大陆坡

深海平原　　　　　　　　　　海沟

海底地形

这幅插图是一幅假想的海底地形图,在两座山之间有平原、山脉和海沟等多种地形。

河流和湖泊

　　水从海洋和陆地上蒸发,在海洋和陆地之间循环。水蒸气经过山脉的时候冷凝,形成云,或者变成雨滴、雪、冰雹落到地面上。这些水可能渗入大地,如果遇到不能渗透水的地层,就会喷出地面成为泉水。越来越多的水涌出地面,就汇成小溪。在低地,可能会形成河流,河流又会把水通过河口送回大海。还有另一种可能,水会被困在盆地,形成池塘或者湖泊。

全世界97.29%的水都在海洋里。还有很少的一部分在淡水河、淡水湖和淡水池塘里，大约占总水量的0.014%。地层里的水是它们的四十多倍，占0.605%。还有大约2.09%的水被冻结在冰川和地球两极的冰盖里。只有大约0.001%的水在空气里，它们就是水蒸气。

比起海水，淡水的量很少，可是淡水却是多种多样的，能给野生动植物提供多种生活环境，让各种各样的动植物生活在其中。从流速很快的洪流到静止不动的水，从冰冷的湖泊到滚烫的泉水，从极小的池塘和小溪到面积达几千平方千米的湖，都有动物生活。

世界上最大的湖是位于北美洲的苏必利尔湖，它的面积有82 000平方千米。第二大湖是非洲的维多利亚湖，面积为59 947平方千米。世界上最深的湖是亚洲的贝加尔湖，最深处为1 642米；其次是非洲的坦噶尼喀湖，最深处为1 470米。可是它们都不及最深的海洋深。苏必利尔湖的平均水深为147米，相对来说比较浅。

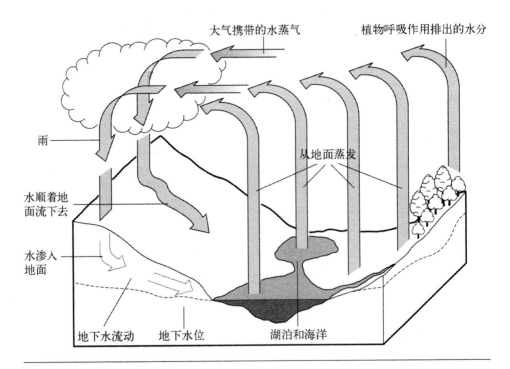

水循环

地面的水会蒸发，植物的呼吸作用也会排出水。当下雨或下雪的时候，这些水又回到地面上。

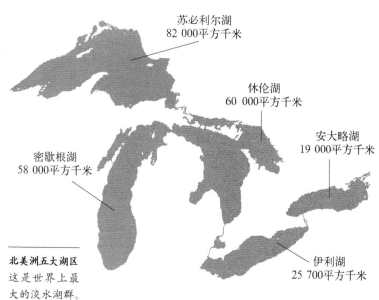

苏必利尔湖
82 000平方千米

休伦湖
60 000平方千米

安大略湖
19 000平方千米

密歇根湖
58 000平方千米

伊利湖
25 700平方千米

北美洲五大湖区
这是世界上最
大的淡水湖群。

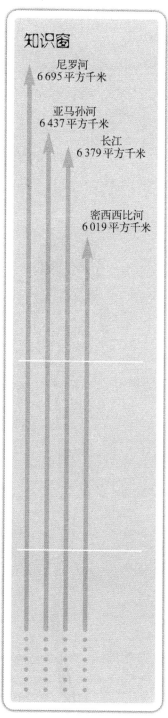

维多利亚湖平均只有41米深。贝加尔湖湖水的体积
有23 615.39立方千米,比世界上任何淡水湖的湖水都
要多。

生命的摇篮

有些动物始终居住在水里,在水里进化,像海
星、海绵体动物、珊瑚虫等。其他的动物,比如软体
动物,最初的时候是海洋动物,现在大部分还是住
在水里。而有一些动物,比如蛇,搬家到了陆地上
或者生活在淡水里。

鱼类是到现在为止数量最庞大的脊椎动物,它们
也生活在水里。两栖动物是另一种脊椎动物,只有在
繁育后代的时候,它们才到水里去。我们还是把它们
当作陆生动物。可是有一些两栖动物,虽然有脊椎,
却一直生活在水里。有许多现代的爬行动物也是生
活在水里的,如果我们回到几亿年前,就会发现有很

多爬行动物是完全适应海洋生活的。鸟类和哺乳动物也有许多这样的例子，不管是化石还是现代动物，都有一些是完全生活在水里的，还有一些动物一生中有一部分时间生活在水里。

几亿年前，海洋给最早的生命提供了生活环境。其他所有的动物都是从这些最早的动物进化来的。海洋逐渐形成了一个非常复杂的生物圈。动物们的身体和生活方式都会进化。这个生物圈随着时间推移会发生变化。一些动物一度通过进化，成功地生存下来，比如三叶虫，可它们到如今还是灭绝了。三叶虫生活过的地方，出现了新的动物。可是也有一些动物，像腕足动物，50亿年都从来没有改变过。

我们所知道的最早的生物都生活在海洋里。就算是现在，组成动物身体的成分中，最多的也是水，许多动物体液的化学组成、浓度也和海水一样。

腕足动物（左图）
已经有5亿年的历史了。

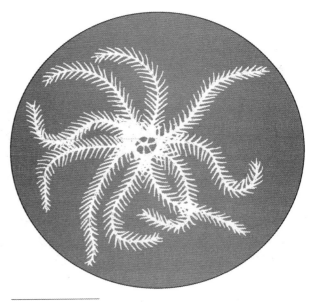

毛头星（右图）
在2亿年前进化。

124

时　期	谁生活在那个时期？		
第三纪、第四纪	鲸	硬骨鱼	企鹅
白垩纪	海星	鳄鱼	翼龙
侏罗纪	鹦鹉螺	鱼龙	蛇颈龙
三叠纪	形似青蛙的两栖动物	楯齿龙	幻龙
二叠纪	鲨	"两栖动物"	中龙
石炭纪	软骨鱼	棘鱼	"两栖动物"
泥盆纪	盾皮鱼	软骨鱼	硬骨鱼
志留纪	广翅鲎	无颌鱼	环节虫
奥陶纪	鹦鹉螺母软体动物	腕足动物	海百合
寒武纪	软体动物　三叶虫		文昌鱼
原生代时期	埃迪卡拉动物群	斯普里格蠕虫	海鳃

水生动物

表中标出了一些主要的水生动物和它们出现或生活过的时期。

125

第二章

水生无脊椎动物

最早的海洋生物

软体动物很难在岩层里形成化石保存下来。它们死后，身体很快就腐烂了。就算保存下来，随着时间的推移，那些岩石也会磨损或是破碎。因此，软体动物的化石十分珍贵。

澳大利亚埃迪卡拉的岩层形成于56亿年前，岩层中发生了不寻常的事情。在那里的岩层里，有保护得很好的软体动物化石，可以作研究使用。里面许多动物和现在有很大的差别，很难猜出它们究竟是什么，也不知道它们曾经是怎样生活的。还有一些和我们现在的某些生物很像，很容易就知道它们本是什么动物。这些动物原本生活在浅海里，然后在海滩的沙子里被保存下来。那里有数千个标本，其中有一些，甚至连远古生物的细节都保存了下来。

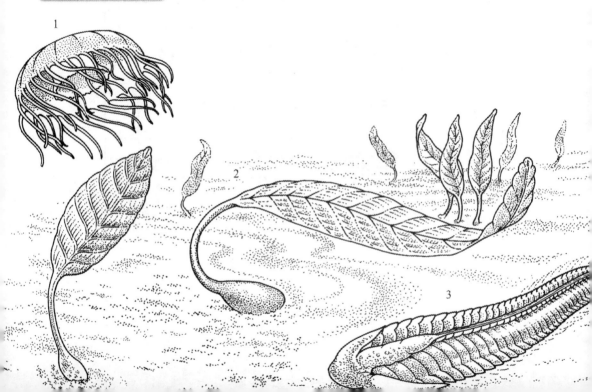

那个时候,生命已经是多种多样的了。我们能够认出的有水母、海绵体生物、海鳃、一种和如今的珊瑚虫很像的动物,还有各种像虫子一样的生物,比如斯普里格蠕虫。

从5.43亿～4.9亿年前的寒武纪,发生了真正的生命大爆发。寒武纪早期,一些种类的动物进化得到新的保护自己的方法,长出了硬的骨骼或者壳。这也给动物提供了可以长出肌肉的空间,运用肌肉行动和寻找食物是一种更好的生存方式。骨骼的出现让生物有了戏剧性的发展。

在那个时期,动物的各个类别几乎都完成了进化,包括珊瑚虫、海绵体动物、蠕虫、早期软体动物、腕足动物、棘皮动物,甚至已经出现了最早的脊索动物。脊索动物就是脊椎动物的前身,而正是脊椎的形成才最终成就了人类。虽然这些动物和它们后来的亲缘动物有细节上的差别,可是主要的身体构造已经固定。另外还有一些种类和现代的任何动物都不像,它们只生活在寒武纪时期,后来就灭绝了。

在寒武纪时期,节肢动物首次出现。这是一类重要的动物,它们的腿是分节的。节肢动物的一支进化为现代的昆虫,它们在陆地上取得了巨大的成功。最早的数量巨大的节肢动物是三叶虫,它们生活在海洋里,种群一度相当繁荣。正如它的名字那样,三叶虫的背壳由三个叶体构成,一个在中间,另外两个长在身体两侧。三叶虫的身体有连续的分节,每一节都有一对分节的Y形腿。Y形腿的下端用

显微镜下的世界

三叶虫的眼睛由许多小透镜组成,有些种类的三叶虫组成眼睛的透镜高达1.5万个。它们的复眼比昆虫早几千万年。

埃迪卡拉动物群

埃迪卡拉里好的砂岩位于浅水里,保护了古代软体动物完整的轮廓。比如:
1. 水母
2. 海鳃
3. 斯普里格蠕虫
4. 狄更逊水母
5. 管虫
6. 海葵

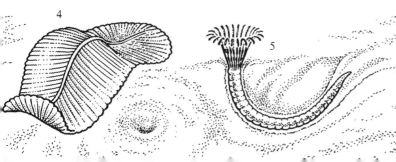

来行走,上端长有鳃,用来呼吸。整个身体被坚硬的含碳酸钙的骨骼覆盖,体表的外骨骼会不时脱落,然后长出新的,脱落的外壳常常会变成化石。三叶虫的头部有一对复眼,有一些三叶虫视力相当好。

虽然三叶虫的种类有许多,可它们身体的主要构造都是相同的。它们在进化中变得能爬行、能挖洞、能游泳。有一些三叶虫靠捕食为生,还有一些是滤食动物。在寒武纪,甚至再往后的一段时期,三叶虫在海洋中十分繁荣。可是大约2.5亿年前,它们还是灭绝了。

水下建筑师

寒武纪时期,浅水里堆积着许多礁石,这些礁石最早是由一些叫做远古环的海绵体生物聚积而成的。它们的形状一般是锥形或平面的,把水吸入身体再排出,从中获得食物。它们有碳酸钙构成的支撑用的骨骼,大部分都不到2厘米高,偶尔有一些能长到1米。在这些海绵体生物的周围存活着蓝细菌,每一个都只在显微镜下才能看到,可是它们也能留下含钙的物质。许多蓝细菌生活在一起,也能形成几米厚的堆积。

温暖的海岸边都是珊瑚礁。虽然珊瑚礁是由很小的动物们构成的,可是它们有些体积巨大。澳大利亚东海岸的大堡礁几乎有2 140米长。海洋里的珊瑚礁已经有超过5亿年的历史,它们并不是由同一种动物构成的。

这种简单的礁石给许多动物提供了生活场所,三叶虫就借此捕食。海星最早的祖先,就躲在这些礁石里面,过滤海水获取食物,但那时它们并不是如今海星这样的形状。远古的腕足动物也是滤食动物,它们躲在岩石的裂缝里守株待兔。

远古环这种海绵体生物很早就灭绝了。寒武纪之后则是奥陶纪,从大约4.9亿~4.43亿年前。新出现的生物继续建造这些礁石,从而形成了更多的复杂礁石。

志留纪的珊瑚
在英国一个地区的礁石里发现了珊瑚化石,对比不同种类的化石可以区分不同种类的珊瑚。

礁石一般认为是由布满海底的海百合最初建造的。海百合是一种棘皮动物,像长了羽毛的海星,连接在一根茎的顶端。海百合有硬质的骨骼,它的茎是由一个个连续的小环组成的。海百合和死去动物的骨骼共同形成了礁石的地基。有些海绵体生物有玻璃一样的骨骼,还有一些动物有沉重的碳酸钙骨骼,它们也都协助建造了这些礁石。

蓝藻是一种很普遍的生物。在奥陶纪结束前,毡片状的苔藓虫也加入了建筑大军,它们就是最早的真正的珊瑚虫。

志留纪礁石

礁石是很多动物的家,比如:

1. 海百合
2. 珊瑚虫
3. 三叶虫
4. 海绵体生物
5. 鹦鹉螺目软体动物
   (鱿鱼的祖先)

在4.43亿～4.17亿年前的志留纪，礁石的建造达到了顶峰。海绵体生物是最重要的建筑材料，早期珊瑚虫也发挥了很大作用。珊瑚虫是孤独的小家伙，每一个都像是包在厚厚壳里的小海葵，还有一些聚在一起，成为一株，一起帮助建造这些礁石。

还有一种珊瑚虫是桌形轴孔珊瑚，它们有扇状或者像锁链一样的骨骼，总是大量地聚积在一起生活。礁石里还有其他动物，包括腕足动物和苔藓虫。附近还住着一些活泼的动物，比如三叶虫和鱿鱼的近亲，也就是早期的头足动物。还有一些像鱼一样的原始动物也生活在珊瑚礁中。

海洋里的甲壳动物

我们熟悉的甲壳动物有螃蟹、龙虾、卤虫。甲壳动物大约有4万种，大部分都住在海里。50亿年以来，甲壳动物发生了很大改变。

甲壳动物都有分节的身体，腿部也分节，可以使它们走路、游泳、捕食；头部下方通常有一个硬壳，上面还长有鳃，用来呼吸。不同的甲壳动物，身体和四肢都有很大的区别。比如螃蟹，长有巨大的钳子用以捕捉食物。可是有一些甲壳动物却是寄生虫，还有一些甲壳动物靠吃海洋里的植物为生。

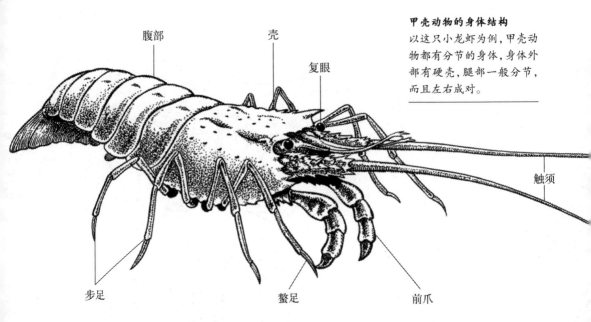

甲壳动物的身体结构
以这只小龙虾为例，甲壳动物都有分节的身体，身体外部有硬壳，腿部一般分节，而且左右成对。

腹部　　壳　　复眼

触须

步足　　螯足　　前爪

在海洋生物里,甲壳动物扮演着重要角色。远古时代,小型的甲壳动物给大型动物们提供了食物。大一些的甲壳动物在海底挖洞,把海底的泥土翻过来让空气进入泥土里。今天,甲壳动物仍然具有重要的生态作用,特别是一些较小的甲壳动物,它们是海洋食物链里重要的一环。

浮游生物在海洋表层漂浮或者缓慢游动。许多小的浮游动物就是甲壳动物,其中有一些是甲壳动物的幼体。螃蟹小的时候也是漂浮的浮游动物,长大之后形状才发生改变,并且搬到海底去居住。藤壶也是如此,藤壶的幼虫也是浮游的小型甲壳动物,长大之后才吸附在岩石上。

浮游生物
浮游生物有单细胞动物,也有更大的动植物,可是主要成员还是甲壳动物。

许多甲壳动物一生都是浮游动物。桡脚动物一般只有1～2毫米长,占浮游动物总数的70%,可能是地球上数量最多的动物。它们用脚把小的植物送到嘴边吃掉,而许多其他的浮游动物以它们作为食物,所以桡脚动物是海洋食物链的基础。其他的浮游动物,则有鱼类和更大的动物都依赖它们生存。

磷虾看起来很像小虾米,只是它们的鳃暴露在身体外面。成年的磷虾大约5厘米长,比一般的桡脚动物大很多,可它们仍旧是食物链中最重要的基础部分。磷虾通常以小植物为食。种群最繁盛的时候,每1 000立方米海水里可生存100只磷虾。我们眼睛看到有些海水之所以是红色的,就是因为有它们在海水里面。鱼类、海豹、鲸等都以食用它们为生。

你知道吗?
在磷虾数量最多的时候,海洋里大约一共有5亿吨磷虾。

躲在壳里的软体动物

软体动物包括蜗牛、蚌类和章鱼等，大部分软体动物没有骨骼而有外壳以及不分节的身体。它们用鳃呼吸，表皮可伸缩，保护内部器官，叫做外套膜。像蜗牛一样的腹足纲软体动物的嘴里有齿舌，齿舌就是它们口腔中生有齿的带状物。它们用腹部形成有力的足走来走去。

软体动物的基本结构，在大约5.3亿年前就形成了。新碟贝是现存最古老的软体动物。和大多数软体动物不同，新碟贝同时拥有鳃和排泄器官，或许这是一个线索，告诉我们软体动物其实也是从早期节肢动物进化而来的，就像昆虫和甲壳动物一样。

人们在古老的岩层里发现了新碟贝的化石，本来认为新碟贝在5亿年前就灭绝了。可是，20世纪中期，在太平洋深海沟里捕捉到了活的新碟贝。新碟贝一般在海底爬行，寻找小的微粒为食。

软体动物种群的繁盛仅次于昆虫，有7.5万种。现代软体动物主要以蜗牛和海螺为主，它们都有卷曲的壳。可是直到7亿年前，它们的种类还是不多。那时普遍存在的是双壳类动物，比如蛤和头足动物。

双壳纲动物有两个壳，它们把壳紧紧地闭起来从而保护自己。成年的双壳纲动物一般都待在同一个地方静止不动，或者缓慢地游来游去。可是和其他的软体动物一样，它们的幼体都生活在浮游动物之间。双壳纲动物用鳃呼吸，也用鳃捕捉小的食物。双壳纲

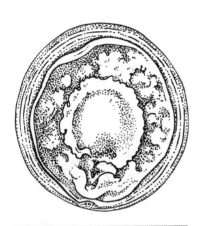

新碟贝（上图）
作为真正的"活化石"，新碟贝这种深海软体动物在40亿年间几乎没有变化。

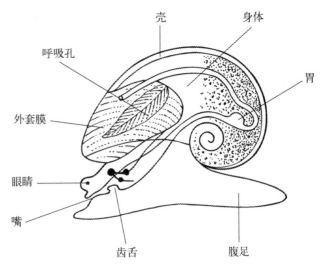

壳　身体
呼吸孔
胃
外套膜
眼睛
嘴
齿舌　腹足

蜗牛的解剖图（右图）
蜗牛的主要身体器官

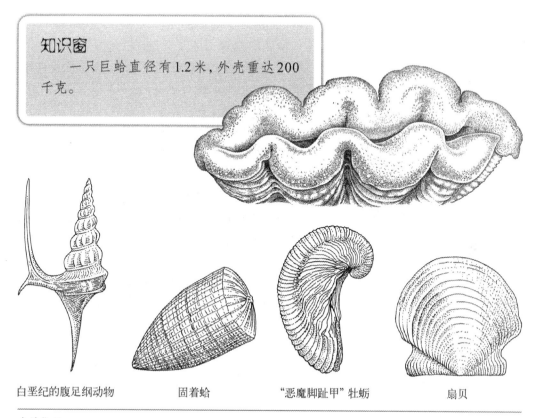

白垩纪的腹足纲动物　　　　固着蛤　　　　"恶魔脚趾甲"牡蛎　　　　扇贝

壳的化石

软体动物的壳很容易变成化石。例如，白垩纪的腹足纲动物和扇贝的外壳，这些外壳从恐龙时代起就没怎么发生变化。固着蛤和一种叫做"恶魔脚趾甲"的牡蛎现在已经灭绝了。

动物一般都很小，不过，生活在热带的巨蛤体积却很庞大。

双壳纲动物现在也有很多种类，如牡蛎、扇贝、蚌类，在恐龙时代的岩层里也可以发现它们的踪迹。有的时候，在木头化石里可以发现叫做船蛆的古老双壳纲动物。其他的双壳纲动物和现在的不一样。固着蛤生活在礁石里，背上有一个锥形的壳，还有一个帽子样的壳盖在锥形壳的顶端，一些固着蛤高达1米。

在壳里游来游去的头足动物

头足动物都是捕食者。早期的鹦鹉螺目软体动物长有细细长长的锥形壳。它们的体积一般很小，有些种类最大能达到3.4米长。再后来，鹦鹉螺目的软体动物也进化出了卷曲的壳。

珍珠鹦鹉螺逃脱了灭绝的厄运,如今还生活在海洋里:它的壳里有许多气体,可以帮助身体浮起来。嘴部周围环绕着触手,触手上没有吸盘。它躲进壳里的时候,有两条触手合在一起可盖住壳口,眼睛可以从其下方向外看。鹦鹉螺的感觉器官和神经系统不发达,和其他头足动物相比,鹦鹉螺像一个复古风格的艺术品。

大约35亿年前的海洋里,菊石取代了鹦鹉螺的地位。它们的壳和鹦鹉螺很像,基本都是卷曲的,形状也多种多样。从壳的化石可以看出壳里面有精巧的腔室,令人惊异。由于进化速度很快,每过几百万年就会有很多新的种类和不同形状的壳出现,因此可以根据菊石壳的化石来精确判断岩层的年代。尽管在25亿～6.5亿年前,菊石在海洋里十分繁盛,可是它们还是在恐龙时代灭绝了。

> 有些软体动物,如鹦鹉螺目软体动物,壳内有许多腔室。身体处在最后一个腔室里,能够接触水。头和"脚"是突出的,头部有感觉器官,"脚"分成许多触须。鹦鹉螺目软体动物出现在5亿年前,大约4.5亿年前种群最庞大。

知识窗

鹦鹉螺目软体动物的眼睛很简单,没有晶状体,其工作原理和针孔照相机很像。

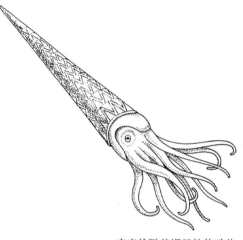

直壳的鹦鹉螺目软体动物

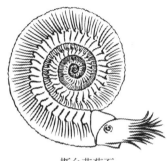

斯台芬菊石

菊石

有的菊石有卷曲的壳,外壳的装饰很漂亮,比如多味蕾角石;还有一些菊石有角状的壳,没有卷曲,比如哈姆族。

多味蕾角石

哈姆族

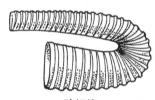

箭石是和现代的鱿鱼关系最密切的古生物。它的壳位于身体里而不是身体外,箭石还是敏捷的游泳健将。箭石进化得很早,在恐龙时代也很繁盛。可是和菊石不同的是,有一些种类的箭石存活了下来。有时候,可以发现大量箭石的壳聚在一起,可能是一起在浅滩捕食。

回到远古

在岩层里发现的箭石化石,有一些还能看到柔软的身体痕迹。它们有10个触手一样的腕手,上面有吸盘,还有角状的钩用来捕捉食物。有的化石甚至都看得到连贮存墨汁的囊。

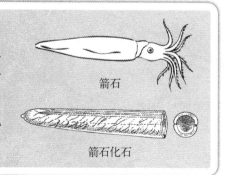

箭石

箭石化石

身体最大的和脑最大的动物

在无脊椎动物中，最大的、游得最快的和头最大的都是头足动物。远古的头足动物的壳是凸出的，现在缩小了很多。乌贼体内有类似内骨骼的壳（这个壳可以做成骨粉饲养鸟类），壳里充满了空气来控制浮力大小。鱿鱼的体内只有一个薄薄的膜状的壳，章鱼则完全没有壳。

乌贼是一种短而扁平的动物，虽然很会游泳，可是却生活在海底。有一些乌贼是动物中最会变色的，它们通过变色伪装自己，也用鲜艳的颜色吸引配偶或者吓退竞争者。乌贼的变色是通过一些细小的肌肉组织来改变皮肤里色素细胞的形状。这种变化发生得很快，乌贼也能顺着身体发出一种神经冲动。这些都说明，乌贼的神经系统已经进化得很完善了。这也是现代的鱿鱼和章鱼特有的。它们有巨大的脑和快速反应的神经系统，视力很好，而且有很好的平衡器官。它们的触须上长有感觉细胞，可以像触觉细胞一样品尝味道。大多数乌贼都有墨囊，里面储存着黑色的墨汁。在遇到危险时，它们就会把墨汁喷出来欺骗敌人以便顺利逃跑。

章鱼生活在海底或者藏在岩石的缝隙里。它通过八只触手爬行或者游泳，也可以借助喷射墨汁的推动力前进。它用触手抓住螃蟹或者其他动物，然后用角状的嘴把它们吃掉。北太平洋巨型章鱼的触须可以伸

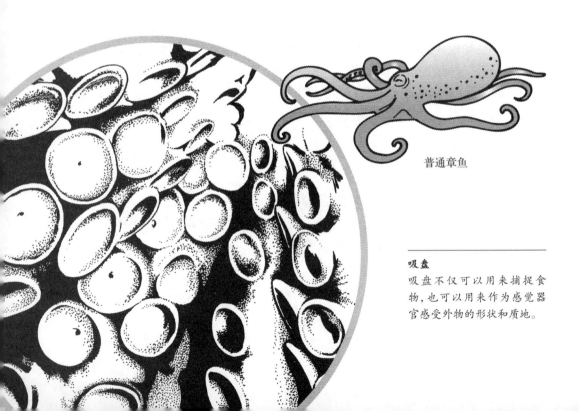

普通章鱼

吸盘

吸盘不仅可以用来捕捉食物，也可以用来作为感觉器官感受外物的形状和质地。

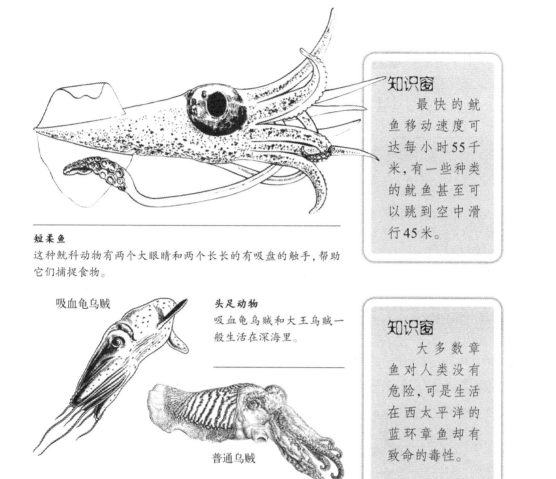

短柔鱼
这种鱿科动物有两个大眼睛和两个长长的有吸盘的触手,帮助
它们捕捉食物。

吸血龟乌贼

头足动物
吸血龟乌贼和大王乌贼一
般生活在深海里。

普通乌贼

大王乌贼

到5米远的地方,其他大部分章鱼都比它小得多。

　　鱿鱼有流线型的身体,身体的尾端还长有肉鳍。它通过拍打鳍可以向头部
或者尾部的方向移动,还会喷出水来帮助自己更快速地移动。有一些鱿鱼是海
洋里的顶级游泳健将,只有一些大的鱼和鲸能打败它们。它们是令人畏惧的捕
食者,而且能逃脱大部分敌人的追捕。大多数鱿鱼住在远海,有一些住在深海
里。最大的鱿鱼叫做大王乌贼,它们能长到21米甚至更大。

第三章

鱼类和两栖动物

在温暖的海洋里，一种5厘米长的鱼形动物个体被埋在了沙子里，头部末端露在水中。它用嘴部的触须和鳃过滤海水以获取微小的食物。这种动物叫做文昌鱼，是一种简单的低等动物，可是它有一些独有的特征，因而被认为是鱼类的祖先。

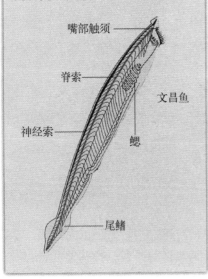

嘴部触须

脊索

文昌鱼

神经索

鳃

尾鳍

最早的脊椎动物

在距今4.7亿年的岩层里，发现了最早的真正的脊椎动物。这种动物没有下颚，它们过滤海水、挖掘海底的泥土，就像现在的文昌鱼一样。它们有尾鳍，可是和现代鱼类不同，它们并没有成对的鳍。但它们有很多骨头，在接下来的1亿年，这些无颚鱼，头部长出平的硬骨头，身体的其他部位长出多刺的鳞，这种脊柱由软骨构成。其中，有一些在身体两侧长着肉质的圆片，或者是类似于多骨的翅膀一样的东西，这些结构可以帮助它们稳定身体。

大部分古代无颚鱼的体积都很小，大约在20厘米长。也许正是因为体积小，外骨甲对它们来说很重要。没有外骨甲的话，它们很容易就被海蝎子或者其他大型无脊椎动物捕猎到。这样的硬壳还有一个优点就是：给肌肉提供了可以附着的地方，它们的游动速度提高了。无颚鱼种类繁多、数量庞大，但是大部分在3.5亿年前就灭绝了。

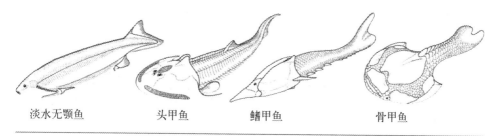

| 淡水无颚鱼 | 头甲鱼 | 鳍甲鱼 | 骨甲鱼 |

远古的无颚鱼类
四种无颌纲动物。

你知道吗？

　　现在还存活的仅有的无颚鱼是七鳃鳗和盲鳗。这些身体长长的鱼长有多骨的外甲，是寄生鱼类。七鳃鳗有一个吸盘一样的嘴，里面有许多角状的牙齿，牙齿可以用来攀附其他动物，然后锉掉它们的肉。它们生活在河流和海洋里，而盲鳗生活在大海里。它的舌头上长有牙齿，用来在猎物身上钻孔。和它们的古代亲戚一样，这些动物在头后部有连续的鳃囊，但也没有成对的鳍。

七鳃鳗
七鳃鳗的嘴像一个大吸盘，许多角状的牙齿长在嘴里的皮肤上。

七鳃鳗是如何捕食的
七鳃鳗依靠带有吸盘的嘴牢牢地固定在猎物身上，然后用角状的牙齿锉下它们的肉。

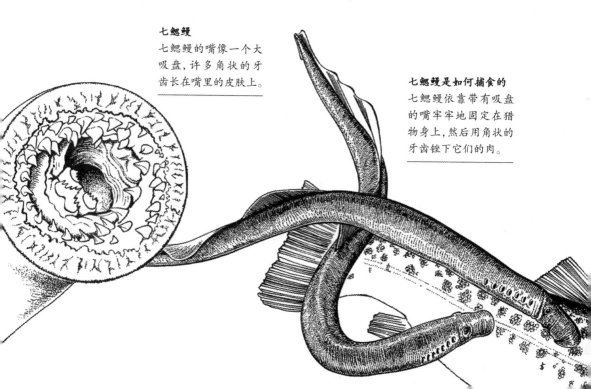

有颌鱼类

盾皮鱼就是皮肤像盔甲一样的鱼,它们用沉重的骨头作为盔甲来保护自己。盾皮鱼生活在4.4亿年前到3.55亿年前。有的身体两侧长有两对鳍,还长有有力的尾鳍,是很强壮的游泳健将。盾皮鱼有很多种,形状和大小各不相同。有一些体积很小,比如沟鳞鱼,它们的前鳍覆盖着铠甲,看起来像螃蟹的钳子一样(或许它们用这样的前鳍在海底走路,甚至有时会到陆地上来)。其他盾皮鱼的形状和鱼一样。有一些长得超乎寻常的大,是世界上存在过的最大的动物,它们也是凶残的刽子手。它们的头部是分块的,上颚向上移动,下颚向下,像在打大呵欠。尾巴和鲨鱼的很像,如果去掉盾皮鱼的盔甲的话,它就是现代鲨鱼的远亲了。

盾皮鱼生活的年代,还生活着许多棘鱼,它们存活得更长些,大约到2.8亿年前。有时也管它们叫做"刺鲨",它们身

你知道吗?
像邓氏鱼这样的大型盾皮鱼能长到10米那么长,比如今最大的大白鲨还要大。

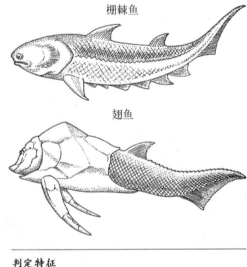

栅棘鱼

翅鱼

判定特征
栅棘鱼,是棘鱼的一种,长有多刺的鳍。翅鱼,属于盾皮鱼,长有沉重的铠甲。它们是早期鱼类的两种典型。

盾皮鱼
即使是这样的肉食性盾皮鱼，也不如现在的鱼灵活。

体长有很多刺，却并不是鲨鱼。它们有鲨鱼一样不对称的尾巴，下面有臀鳍，上面有一个或两个背鳍，前面有一对胸鳍，还有一对鳍长在更后面的骨盆处，叫做腹鳍。鳍前面长有长长的刺，有的棘皮鱼，顺着腹部也长有一排排的刺。

棘皮鱼长着大眼睛，对于捕食来说这可能并不重要。大部分体积看起来很小，大约20厘米长，也有一些能长到2米，长有可怕的颚。其他的没有牙齿，靠鳃过滤海水获取食物。

鲨　鱼

鲨鱼生活至今已经有4亿年了，经历了许多动物都灭绝了的年代，鲨鱼还是生存了下来，其中一个重要的原因是鲨鱼有成排的鳃裂、硬鳍和不对称的叶状尾巴。在远古时期鲨鱼就出现了，到现在并没有很大改变。虽然多骨鱼有成千上万种，鲨鱼只有360种，可是鲨鱼里却包含了许多顶级大鱼。它们的感觉官

世界真奇妙
　　棘鱼的鳞片数量是固定的，伴随在它整个生命的过程中。

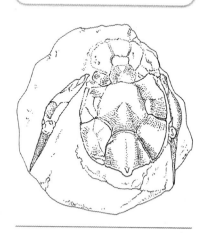

盾皮鱼化石
从这块岩石里可以看到沟鳞鱼，它和翅鱼很像，这里能看出它的头部，还能看出多刺的像胸鳍一样的鳍状前肢，这样的鳍可能帮助它走路或者在泥里挖洞。

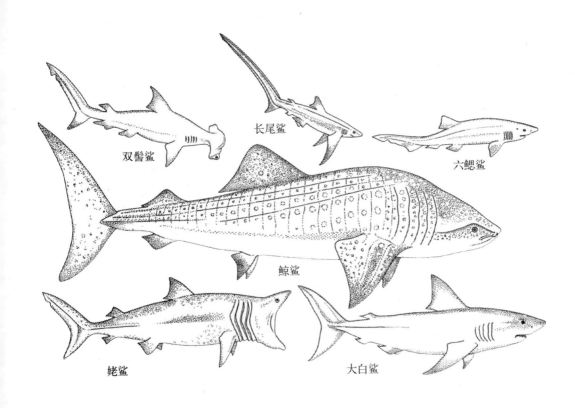

双髻鲨

长尾鲨

六鳃鲨

鲸鲨

姥鲨

大白鲨

鲨鱼的骨骼是由软骨构成的。与许多早期鱼类不同，鲨鱼没有多骨的体甲。鲨鱼的皮肤被小的牙齿状鳞片所保护，这些鳞片和牙齿是鲨鱼身体最坚硬的部分。牙齿是最容易变成化石的部分，在化石记录里很普遍。鲨鱼有硬的胸鳍和腹鳍，用于保持稳定，却不能用来控制方向和停游。大部分鲨鱼都比水重，必须不停游动，才能使自己不会沉下去。

能、流线型身体、牙齿和其他适应性变化，都使鲨鱼成为顶级的食肉动物。

鲨鱼一般都产卵，也有一些种类会把卵保存在身体里，直到孵化出小鲨鱼。还有一些甚至能给身体里的宝宝提供像奶一样的有营养的液体。有一些大鲨鱼，比如灰鲭鲨和大白鲨，可以保持体温比周围环境高出许多，因此非常灵活。灰鲭鲨游泳速度能达到每小时95千米。根据牙齿的化石判断，灰鲭鲨和大白鲨1亿年来都没有变化。有一些现存的鲨鱼，比如六鳃鲨（大部分鲨鱼只有五片鳃），2亿年来几乎都没有变化。大型肉食性鲨鱼的巨大的牙齿是让人害怕的武器，可是最大的鲨鱼，比如姥鲨的牙齿却完全没有用武之地，因为姥鲨靠吃很小的浮游生物为生，它们的鳃作为过滤器来获取食物。

知识窗

鲨鱼档案

★ 虎鲨（6米）
它们几乎什么都吃。

★ 大白鲨（8米）
捕食海豹、海豚和其他动物，有时候还会吃人。

★ 双髻鲨（5米）
用宽嘴巴里的带电的灵敏器官捕食。

★ 长尾鲨（6米）
肉食动物，用尾巴打晕小的鱼，然后吃掉。

★ 姥鲨（10～15米）
滤食性动物。

★ 鲸鲨（12～18米）
滤食性动物。

★ 小型刺鲨（25厘米）
小型深海鲨鱼。

回到远古

一只鲨鱼的嘴里有600颗牙齿，这些牙齿会更换，数目却不会变。在鲨鱼的一生中会掉上万只牙齿。

你知道吗?

发现的鲨鱼鳞片的化石比牙齿化石更古老。那么它们是在长出鳞片之后才进化出长有牙齿的颚吗？

牙齿化石
从这个残存部分可以明显看出，鲨鱼的牙齿相当坚固耐用。

有些种族，比如团扇鳐，背后长着巨大的壳保护自己。大多数鳐的牙齿进化成了扁平状，这样有助于磨碎食物，比如软体动物和螃蟹等。

现在的海洋里，鳐的种类和鲨鱼差不多。不过至少2亿年前，这两个同一家族的族群就有了各自特征。至少1亿年前，就已经有了虹、黄貂鱼和锯鳐，它们的样子和现在很像。

锯鳐身体很宽，嘴两侧各有一个长长的凸起，上面长有锋利的牙齿。这两个凸起被当作武器来抽打鱼群，然后锯鳐就能把这些鱼吃掉。典型的鳐和虹生活在水底，捕捉移动缓慢的小动物。它们产的卵很大，外面包有硬壳，被称作"美人鱼的小钱袋"，这些卵有时会被海水冲到岸上来。电鳐的身体呈圆形，外面没有鳞片。它们通过电击保护自己，击昏猎物。黄貂鱼的尾巴顶端长有巨大的倒刺，可以给敌人注射毒液，从而保护自己。对人类来说，这种毒液很痛，却不会致命。黄貂鱼的幼鱼

鳐和虹都长有胸鳍，展开的时候像巨大的翅膀一样，用于游泳。它们大部分住在海底或者海底附近。长有向下的裂鳃，呼吸时用于排水。鳐通过气孔把水吸进鳃里，它的气孔长在头顶后部，是一个小洞。鳐还长有细小的牙齿状鳞片。

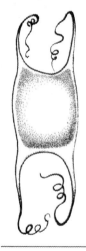

"美人鱼的小钱袋"
鳐在孵化前，会在像皮革一样坚韧的壳里发育好几个月。

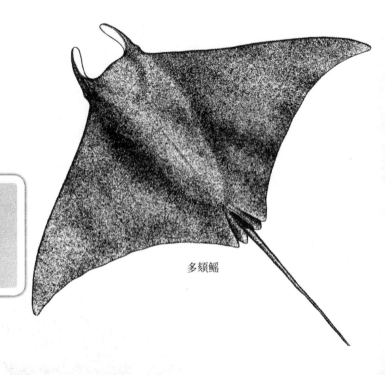

多颊鳐

直接出生,不需要孵化,它的近亲多颏鳐也是这样。鳐是一种大型鱼类,由于头前面长角,有时被叫做魔鬼鳐鱼,它们会利用前面的角,引诱浮游生物和小鱼进入嘴里,然后用鳃把水滤掉,就可以吃掉它们。

　　河豚也称银鲛,可以长到1米长,外形很奇特,它们和鲨鱼、鳐一样,长着软骨构成的骨骼。在鱼类进化早期,河豚从鲨鱼和鳐中分离出来。河豚的鳃上只有一个盖子,这和鲨鱼不同。小河豚长有牙形的鳞片,成鱼则没有。此外,河豚不容易变成化石。今天,大约有30种河豚生活在寒冷的深海里,坚硬的嘴里长有牙齿,用来磨碎食物。

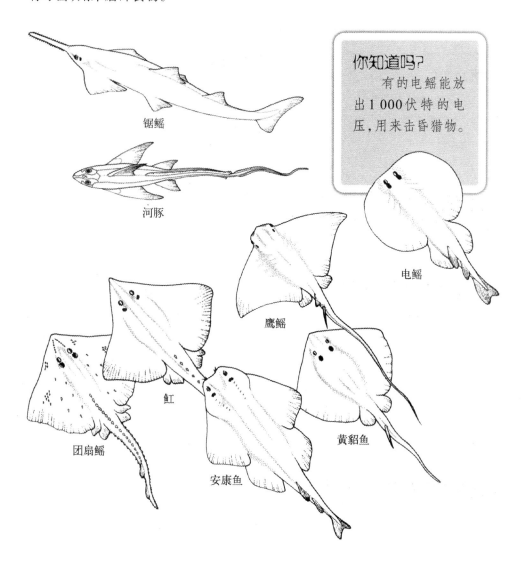

锯鳐

河豚

电鳐

鹰鳐

魟

黄貂鱼

团扇鳐

安康鱼

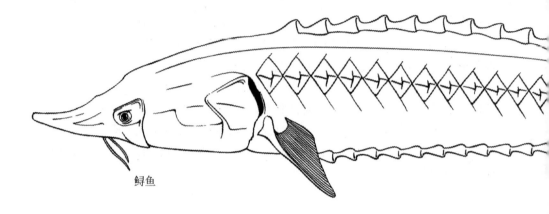

鲟鱼

古老的多骨鱼

条鳍鱼有很长的历史了，可以一直追溯到4亿年前，那时有一种小鱼，叫做鳍鳞鱼，长约25厘米。这种小鱼头骨很重，脸颊部位生有多骨的鳞，全身都长满了又厚又重的鳞片。尾巴有肉的部分指向上方，下面还长有一个靠薄膜支撑的部分，用来保持平衡。鳍鳞鱼看起来有点僵硬，身体两侧的鳍很不灵活。尽管如此，这种大眼鱼的化石全世界都有。它们曾经也是相当繁荣的食肉动物。

条鳍鱼的进化历程包括：增加机动性，减轻壳和骨骼的重量，增加鳍的呼吸效率等。有一些历程被化石记录了下来，若干种数量很少的现存的条鳍鱼，保存了进化的各个时期。

非洲的多鳍鱼（10种）长有沉重的鳞片，坚硬的鳍，背上还长有一排小鳍。年幼的多鳍鱼长着和蝌蚪一样的外鳃（或许这对于早期鱼类来说很普遍）。成年的多鳍鱼长有气囊，如果水里的氧气不足，它就可以通过气囊呼吸空气。它

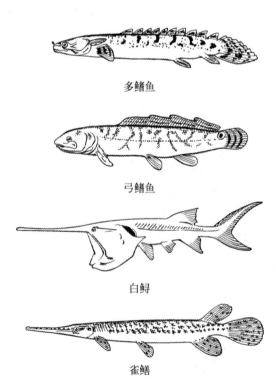

多鳍鱼

弓鳍鱼

白鲟

雀鳝

的头十分坚硬,颚不能张得很大,多鳍鱼能长到70厘米长。和它相似的芦苇鱼比它长,大约能长到1米。

　　鲟鱼(27种)几乎没有硬的骨头,它的骨骼由软骨构成,尾巴和鲨鱼的尾巴很像,身体侧面长有一排排骨质的鳞片。鲟鱼生活在海洋和淡水里。有一些种类的鲟鱼为了产卵,会从海洋出发,顺着河流移动。鱼子酱就从那些雌鱼身上获得,每只雌鱼能产几亿只卵。鲟鱼生活在水底附近,食物有软体动物、蠕虫和其他小型动物。美国和中国的白鲟和鲟鱼十分相似,只是白鲟的嘴能张得很大,捕食浮游生物。

　　弓鳍鱼(1种)和雀鳝(7种)生活在北美洲。世界上其他一些地方也发现了它们的化石。弓鳍鱼能长到1米长,可有些雀鳝能达2.5米。这两种鱼都有原始鱼的特征,比如厚厚的鳞片,能够呼吸空气等。它们都是食肉动物。

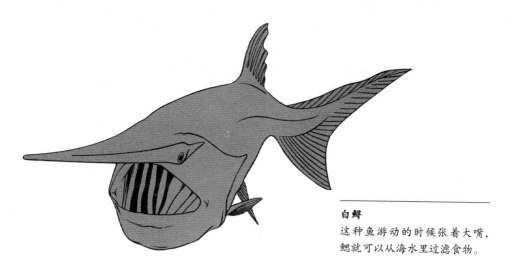

白鲟
这种鱼游动的时候张着大嘴,
鳃就可以从海水里过滤食物。

速度和控制

今天，在海洋和淡水里，一共有2万种硬鳞鱼。就像你想的那样，它们的形状、大小、生活习性多种多样，不过它们的这些变异都建立在一个十分完善的身体结构上。

硬鳞鱼的骨头支撑身体，保持身体形状，还提供了肌肉活动的地方，这些骨头尽管很轻，可还是能提供需要的力量。头骨和下颌骨能够移动，许多硬鳞鱼能立即把嘴张得很大，以便捕捉食物。它们也很擅长用嘴吸取水流，让水流过鳃。

硬鳞鱼的鱼鳔是一个像气球一样的气囊，鱼鳔里逐渐充满气体，就能够让鱼在水里浮起来。由于鱼有浮力，尾鳍只要有规律地上下摆动，就能

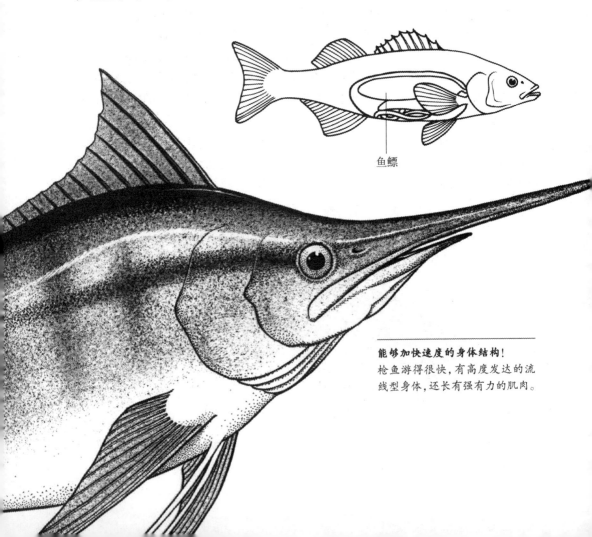

鱼鳔

能够加快速度的身体结构!
枪鱼游得很快，有高度发达的流线型身体，还长有强有力的肌肉。

知识窗

菲律宾的虾虎鱼是最小的硬鳞鱼，也是最小的成年脊椎动物，它只有0.7厘米长，重0.005克，而海洋里的太阳鱼重达1吨。

菲律宾虾虎鱼

食肉动物
一种叫做鲂的海鱼，身体又窄又短，伸长了贪婪的颚获取猎物。

剑鱼

旗鱼

让鱼前进了。（对于其他没有鳔的鱼，尾鳍不仅要提供向前的推动力，还要提供向上的浮力。）

每一个鳍条都是由单块的肌肉牵动的。硬鳞鱼的体表覆盖着很轻的鳞片，鳞片上有一层釉质，很像人类牙齿上的牙釉。很多都长着单片背鳍。

硬鳞鱼悬浮在水中，除了呼吸之外几乎完全不动。因为它拥有流线型的身体，有时候，会突然像箭一样穿过海水，捕捉猎物或者逃脱敌人。有一些可以毫不费力地快速游动很长时间。硬鳞鱼是非常能干的游泳机器。

蓝鳍金枪鱼

对有些种类的鱼来说，并不需要流线型的身体。有些鱼生活在狭窄的空间里，比如水草中间或者珊瑚礁的缝隙里，它们只要能准确控制方向就行，并不需要游得很快。这些鱼身体一般又瘦又长，很容易就能迅速转身。它们一般靠摆动胸鳍游泳，也有一些摆动背鳍或腹鳍。

生活在狭窄的角落里

天使鱼生活在南美洲杂草丛生的河流里，靠胸鳍和背鳍在水里缓缓游动。如果发现猎物，它能摆动尾巴迅速转身冲过去。

海里的蝴蝶鱼嘴巴末端是一个长长的凸起。它把嘴巴伸进礁石的缝隙里，寻找食物。这种鱼除了能准确定位，还长有巨大的胸鳍来游泳。

海马的背鳍长在背中部，它游泳的时候靠摆动背鳍前进。海马生活在水草之间，行

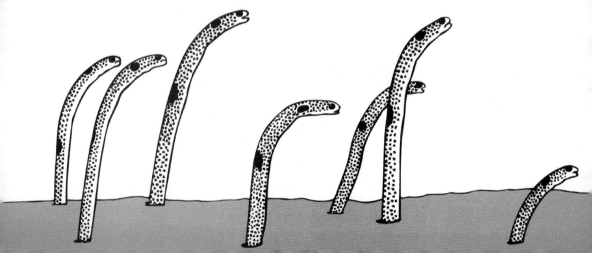

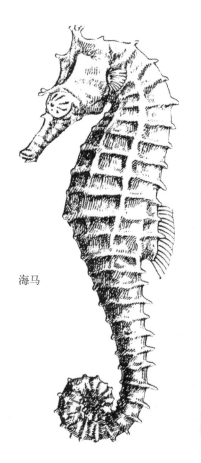

海马

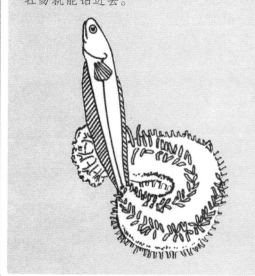

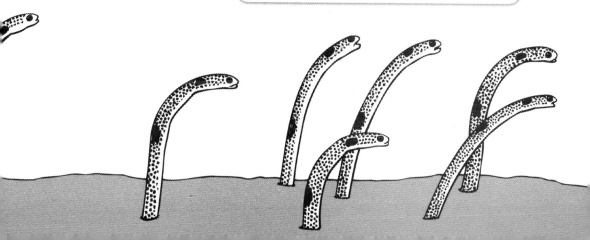

动缓慢,用吸管一样的嘴把猎物吸进肚子里。和一般动物的尾巴不同,海马的尾巴十分擅长抓住水草。

濑鱼摆动胸鳍在水里游动,好像永远都不知道疲倦。濑鱼在礁石上捡东西吃。有一些种类的濑鱼专门做其他鱼类的清洁工,灵活地摘掉它们皮肤和鳃上的寄生虫。

生活在狭窄的空间里还有一种办法,就是长有长长的蠕虫一样的身体,挤进洞穴或者岩石的缝隙里。美洲鳗就长着这样的身体。它前进的时候不是靠尾鳍,而是肌肉收缩身体弯成弧形,然后推动水前进。

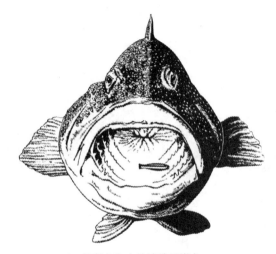

鲶科鱼和它的清洁工濑鱼

专门的设计

淡水蝴蝶鱼能跳出水面,拍打胸鳍构成的翅膀,飞行一段距离。海里的飞鱼甚至能飞得更好。它们箭一样射出水面,拍打宽大的胸鳍,能够滑行100米,甚至更久。有时,飞鱼落回水面的时候,会用尾巴击打水面,这样就能在空气中停留得更久。敌人追赶它的时候,它就这样跳着逃脱。

裸躄鱼和海龙(海龙是海马的近亲)的伪装本领十分惊人。它们不仅能变成周围海草的颜色,还

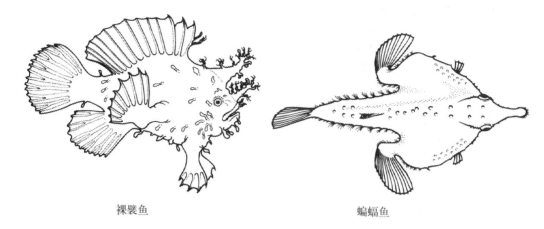

裸襞鱼   蝙蝠鱼

能变成和周围水草相匹配的形状。

　　比目鱼和鲆鲽、欧鲽一样,身体两侧各有一只眼睛。身体一侧是白色的,另一侧却是彩色的。它们生活在海底,有时把一部分身体埋在土里,伪装得很好,某种程度上它们还能改变自己的颜色。

　　还有一种保护自己的办法就是突然把自己吹大,吹气鱼就是这样的。这些游动缓慢的鱼能突然变成一个多刺的球,这样就不容易被敌人吃掉。

逃离追捕

吹气鱼有着柔软的皮肤,皮肤上长满了刺。遇到危险的时候,吹气鱼就把自己扩大成平时的两倍大,变成一个刺球。

紧紧抓住

吸盘鱼生活在海岸附近的浅水里,大部分生活在热带。腹鳍进化成了吸盘。

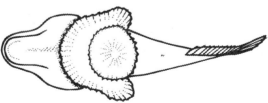

153

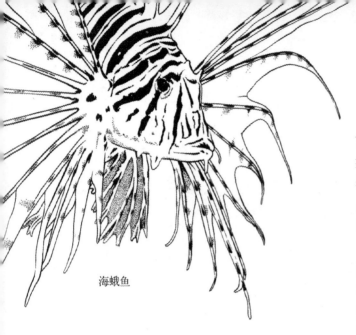

海蛾鱼

海龙

许多鱼长有能放电的器官，这也能保护它们。电鳗和象鼻虫都有进化得很好的放电器官。它们游动的时候都保持身体直立，以便更好地放电，以保护自己。

硬鳞鱼还有一种变化就是鳍进化成吸盘。吸盘鱼就通过吸盘紧贴在海底的岩石上。它们还会用进化了的背鳍吸附在鲨鱼或者海龟身体下面，就像坐免费的汽车。

有的鱼还会放出毒液。鲈鱼和石头鱼的背鳍上都长有毒刺。海蛾鱼的鳍不仅用于伪装，同时也长有毒刺。

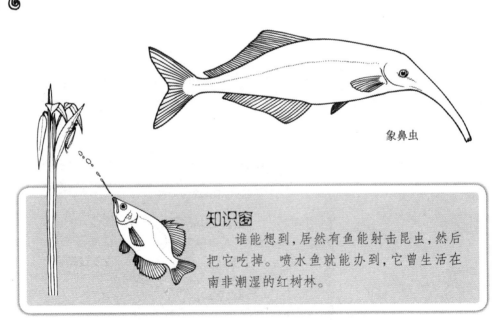

象鼻虫

知识窗

谁能想到，居然有鱼能射击昆虫，然后把它吃掉。喷水鱼就能办到，它曾生活在南非潮湿的红树林。

逃离死亡

腔棘鱼是叶鳍型鱼。鳍和硬鳍鱼的不同，它们的鳍是靠薄薄的膜支撑的，叶状鳍的根部长有骨头支撑。有些叶状鳍内部的骨头排列和我们四肢的骨头很像。大部分早期腔棘鱼长期生活在海里，体积很小，只有25厘米长。后来有一些腔棘鱼进化得大一些。尽管它们外表覆盖着细小的鳞片，可是在化石身体内部，还是能看到单片的肺。根据推测，这样的肺并不能用于呼吸，那它有什么用途呢？大部分鱼都产卵，可是已经发现的一个腔棘鱼化石，在骨骼里面有两个鱼宝宝。有些科学家认为，这种鱼宝宝是在母亲体内孵化的，还有一些科学家不赞同，他们认为那不过是吃到肚子里的食物。

腔棘鱼已经有3.5亿年的历史了。大约2亿年前，腔棘鱼开始逐渐衰退。最后的腔棘鱼化石大约在7 000万年前。一些科学家认为，腔棘鱼就是那时灭绝的。

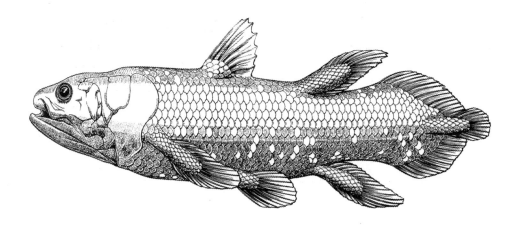

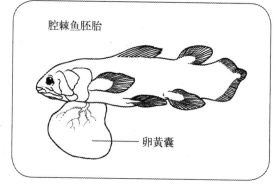

腔棘鱼胚胎

卵黄囊

活的幼鱼
腔棘鱼的卵在母亲体内发育。宝宝出生时就已经很大了。

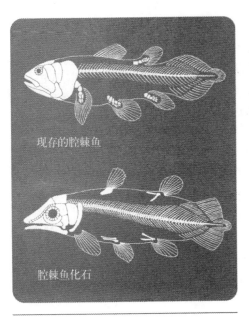

化石证明

现代腔棘鱼的骨骼和2亿年前的腔棘鱼化石骨骼十分相似。

1938年在南非的海岸附近，人们用渔网捕捉到了活的腔棘鱼。这条鱼大约1.5米长，重80千克，鱼体深蓝色，形状很特别，长有和腔棘鱼一样的叶状鳍。虽然这样的鱼不能保护下来做研究用，可是毫无疑问，它的确是腔棘鱼。科学家想要找到更多这样的鱼。迄今为止，发现了近200个这种鱼的标本，可是没有一条出现在最初发现它的地方。腔棘鱼数量很少，主要生活在科摩罗群岛周围，科摩罗群岛位于马达加斯加北部和非洲之间的印度洋里。

在150～300米深的海里发现了活的腔棘鱼，在很微弱的光线下，腔棘鱼的眼睛仍然能够看到东西。它们行动迟缓，摆动灵活多刺的鳍，停留在水里的固定水域。腔棘鱼身体含有许多油脂，这也许是为了增加浮力，来抵消它的骨头和鳞片的重量。可是它的肺里竟然也充满了油脂，这对于在深海生活的腔棘鱼来说完全没有必要。

腔棘鱼以各种各样的小鱼和鱿鱼为食。已经发现的一条雌性腔棘鱼，怀有30厘米长的宝宝，这说明腔棘鱼的幼鱼能够在母亲体内发育。

长有肺的鱼类

澳大利亚肺鱼和2亿年前的肺鱼十分相似。它能够呼吸空气，在氧气很少的水里生活，能够呼吸空气十分必要。非洲肺鱼和远古的肺鱼相似之处很少，南美肺鱼身体很长，像管子一样。这些鱼都能用肺呼吸空气，即使脱离水一段时间，也能生存。在干旱的季节，水消失了，它们就用黏液做成茧，躲在里面，等着有水的季节到来。典

肺鱼祖先的化石能追溯到3.5亿年前。这样的化石很普遍，后来渐渐减少，现存的肺鱼只有3种了。

型的肺鱼的鳍都是叶状多骨的,可是现存的非洲肺鱼和南美肺鱼改变了许多。

　　肺鱼能够呼吸空气,长有像鳍一样的腿,可是它们好像从来不到岸上来。和其他的鱼一样,腔棘鱼和肺鱼也是从远古肉鳍鱼进化来的。最早的四脚生物就是从它们中的一种进化来的。大多数科学家都赞同这个观点,可是究竟哪种鱼是四脚生物的祖先,却让他们争论了很久。

　　最早的四足类动物可能用鼻孔呼吸,鼻孔通到嘴里,它们还长有多骨的叶状鳍。人们认为真掌鳍鱼可能是它们的祖先之一。不过近年来也有人更倾向于潘氏鱼。

　　事实上,最早的四角动物和鱼类很难区分开。许多早期四足类动物仍然长有尾鳍和像鱼一样的头骨。另一方面,早期四足类动物还长有能够明显分辨出来的腿,尽管有的时候它们长有八个、七个或者六个脚趾,不像后来的动物一样长有五个脚趾。它们还长有胸腔,来支撑肺。早期四足类动物生活在温暖、新鲜的浅水或沼泽里,那里可以游泳,也可以在陆地上行走或者滑动,这对四足类动物来说很重要。

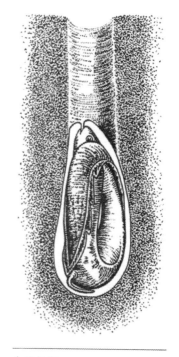

向下挖洞

非洲肺鱼能够逃脱长达几年的干旱,是由于它们像蚕作茧一样躲在洞穴里,可是这样也消耗了身体的肌肉。

鱼石螈

早期的两栖动物,腿长有脚趾,也长有像鱼一样的鳍条。

南美肺鱼

肺鱼

数千万年来，全世界都发现了肺鱼的踪迹，可是现在，幸存的肺鱼只分布在几个南部的大陆了。

澳大利亚肺鱼

非洲肺鱼

距今3.5亿～4亿年前，四足类动物从鱼类进化出来，我们叫它们两栖动物。8 000万年后，这些两栖动物在陆地上占据了统治地位。有一些可怕的食肉动物能够长到4米甚至更长。

当爬行动物进化出来的时候，这些各种各样的两栖动物就开始衰落了。现在，只有一种两栖动物还有后代生存下来，可是它们无论在大小还是在地位上，都不能与远古的亲戚们相提并论了。

真掌鳍鱼

这种生物有可能能够呼吸空气，长有成对的有骨头的鳍，与人的腿很像。它或许能够爬过很短的距离，比如两个池塘之间的泥地。

到陆地上去

魔鬼龙是一种大型两栖动物，长有像鳄鱼一样长长的头，牙齿尖利，可以抓住鱼。虽然长到4米多，腿却相对很小，大部分时间都生活在水里。小型棒尾螈科的动物，大约20厘米长，腿缩小了许多，身体像是伸长的火蜥蜴。再长一些的是大约75厘米的蛇螈和长螈，长螈脊椎骨头数目很多，它们像蛇一样在沼泽里蜿蜒行进。

盗首螈是一种两栖动物，头骨扁平，两侧突出像角一样。盗首螈长到最大的时候，大约60厘米，两边的角也会成比例长大，头的前方长有小小的嘴。圆螈也是一种奇怪的生物。成鱼仍然保留有鳃，看起来像长着小腿的蝌蚪，有些能长到1米长。这些动物都是水生动物。

有一些现代两栖动物，和它们祖先一样，放弃了陆地生活，完全变成了水生动物。墨西哥的美西螈进化出了腿，可是终生保留鳃，像"巨虫"一样繁殖后代。火蜥蜴包括巴尔干半岛的洞螈和美洲泥螈等，长有短小的腿和发达的鳃，它们是完全水生的动物。洞螈生活在地下的洞里，眼睛是弱视，皮肤没有色素。

海妖是另一种水生的北美火蜥蜴，最大能长到90厘米长，是现存的最大的两栖动物之一，身体很长，长有外鳃和很小的前腿，没有后腿。

尽管早期四足动物在征服陆地方面迈出了一大步，可是这些早期的"两栖动物"还是继续生活在水里或者重新回到水里生活。许多动物的腿太短小了，在陆地上不能支撑身体的重量。有一些早期两栖动物身体又大又重，在生活习性上可能和鳄鱼很像，它们在沼泽里移动寻找食物。有一些长有鱼的形状，伸长身体的时候像管子一样。还有一些形状十分奇怪。

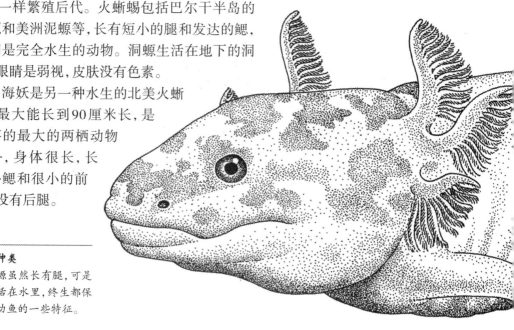

其他种类

美西螈虽然长有腿，可是却生活在水里，终生都保留着幼鱼的一些特征。

现存的最大的两栖动物是中国的娃娃鱼，能长到1.8米长，重达65千克。长有短小的腿，可是为了支撑身体的重量，还是继续待在水里。娃娃鱼生活在河流里，很少移动，如果有猎物靠近它的藏身之处，它就会猛地把头转过去将猎物咬住。

盗首螈

生活在陆地上
巨头龙生活在2.5亿年前，是陆地生活的"两栖动物"，只有40厘米长。

生活在水里
魔鬼龙生活在2.1亿年前，长有羸弱的腿，大部分时间生活在水里，身长2.25米。

第四章

水生爬行动物

史前爬行动物

中龙生活在3亿年前，是最早重新回到水里的两栖动物。它们长有又长又扁的尾巴，在水中能提供前进的推动力。后腿很大很有力。它们能长到1米长，有长长的颚，牙齿尖利，相互咬合，很适合捕捉鱼类，也有一些人认为，它们是从水中滤食小的生物作为食物的。中龙生活在淡水里。

楯齿龙类捕食软体动物。它们的颚上长着很平的牙齿，以便磨碎食物，前面的牙齿像钉子一样，能够咬住食物。它们用又长又扁的尾巴和有蹼的脚在水里游泳，身体像桶一样。楯齿龙类生活在2.5亿～2.06亿年前。幻龙生活在2.25亿年前。它们都能长到4米长，不过大部分要小一些。尾巴用于游泳，腿可能有桨的功能，不过这样的脚并不适合作桨用。

在脊椎动物里，爬行动物最初产下带壳的卵，它们还长有干燥的不透水的皮肤，皮肤上布满鳞片。不过它们已经不再局限在水里了。很多爬行动物很适合生活在干燥的环境里，甚至能够生活在沙漠里。尽管如此，在爬行动物的历史里，很多种类又回到了海里或者淡水里，变成完全的水生生物。

回到远古

楯齿龙可以追溯到2.2亿年前，大约2米长，游动缓慢，长有钉状的前牙，捕食软体动物。

大约8 000万年前生活着沧龙,它像是远洋航行的蜥蜴,用长长的有力的尾巴游泳。长有长长的头骨,颚上长着许多弯曲的大牙齿。它们或许能够捕捉大型猎物,包括鱼和其他爬行动物,有些化石显示,它的肚子里还有保留下来的菊石和剑石,说明这些是它们的主要食物。

　　有的时候,菊石壳上被咬的痕迹和沧龙的牙齿吻合。现在没有活着的沧龙了,不过有的时候或许能够发现一些它们的后裔。有很长一段时间,人们认为沧龙是现代巨蜥的近亲。可是,现在有一些证据证明,它们和蛇有亲戚关系。

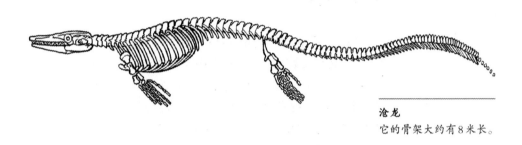

沧龙
它的骨架大约有8米长。

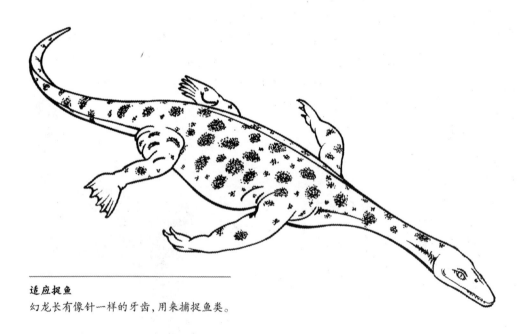

适应捉鱼
幻龙长有像针一样的牙齿,用来捕捉鱼类。

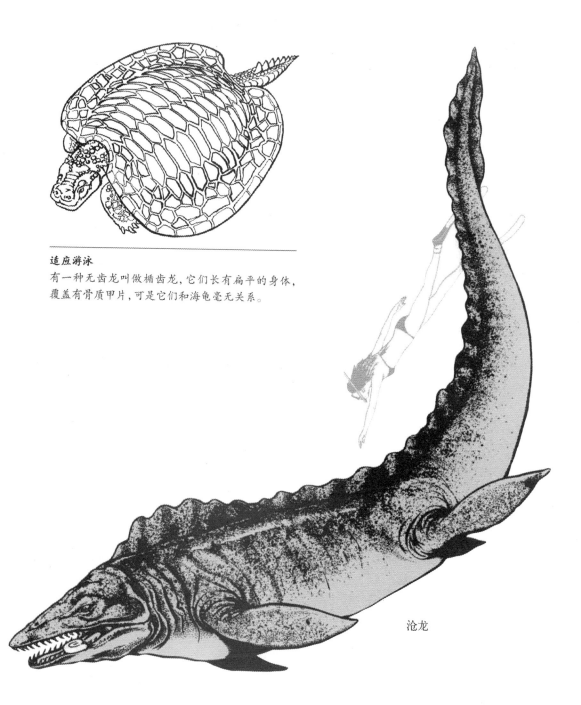

适应游泳

有一种无齿龙叫做楯齿龙，它们长有扁平的身体，覆盖有骨质甲片，可是它们和海龟毫无关系。

沧龙

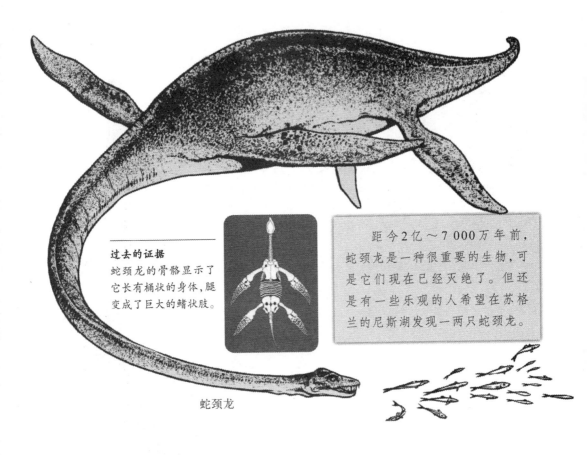

过去的证据

蛇颈龙的骨骼显示了它长有桶状的身体,腿变成了巨大的鳍状肢。

距今2亿～7 000万年前,蛇颈龙是一种很重要的生物,可是它们现在已经灭绝了。但还是有一些乐观的人希望在苏格兰的尼斯湖发现一两只蛇颈龙。

蛇颈龙

脖子和桨

蛇颈龙可能从幻龙进化而来,可它们比幻龙更适合游泳。蛇颈龙长有又宽又平的身体和短小的尾巴,依靠腿提供前进的推动力。它们的四只脚都进化成了巨大的鳍状肢。这样的鳍状肢很灵活,能够推动蛇颈龙前进,在水里像飞一样滑行前进。

蛇颈龙有两种主要的进化方向。有一些进化出了长长的脖子,还有一些脖子很短,有时我们把短脖子的蛇颈龙叫做上龙。

长脖子的蛇颈龙相应地长有小头,还长有锋利的牙齿。我们能够想象出来,这些吃鱼的蛇颈龙猛地把灵活的脖子转向猎物,把它们牢牢抓住。也有可能它

知识窗

薄片龙是一种蛇颈龙,它能长到12米甚至更长,可是一半长度都是脖子。脖子里一共有76块椎骨。

们浮在水面上休息,把头伸进水里东张西望。和其他爬行动物一样,蛇颈龙也呼吸空气,它们需要不时地回到水面呼吸。蛇颈龙十分适应游泳,它们的鳍也能支撑它们在陆地上缓慢移动,就像现代的海龟一样。人们不知道蛇颈龙是在水里还是在陆地上繁殖,它们有可能是到岸上去产卵。

上龙脖子很短,身体更具流线型。它们滑动像桨一样的翼前进,游泳的方式和现代海狮很像。相应地,它们长有大头、有力的牙齿和颚。上龙捕食大型动物,包括各种鱼类和海洋爬行动物。

尽管蛇颈龙的种类很少,但有的不超过2米长,有的却是4米多长的大型动物,还有的是超过12米的巨大的怪兽。古代的海洋里必须有足够的食物才能喂饱它们。

知识窗

很多年来,人们都认为长头龙是最大的上龙。身体长达17米,巨大的头占了全身的1/4,这种生物是凶恶的肉食动物。2002年发现的另一只长龙的颈椎骨的化石长达20米,重50吨。

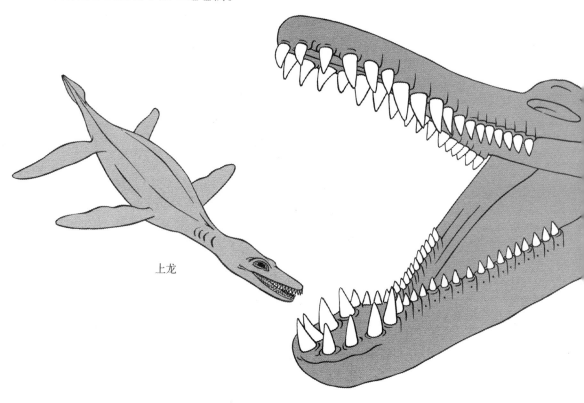

上龙

鱼类爬行动物

最早的鱼龙身体很长，长有尾巴，不过它们很快就进化出了鱼的形状。巨大的头平滑地连在流线型的身体上，长有四个鳍，后面的一对小一些。鳍的根部宽阔，能够灵活地控制方向，可是不能够给鱼龙提供推动力。鳍内部的骨头和人四肢的骨骼很像，只是要短一些。每一根手指里圆骨的数目都增加了，而且手指不是标准的五根，有些多，有些少。

鱼龙扭动身体从而摆动尾巴，推动水前进。有些化石不仅能够显示骨骼，还显示出身体的外部轮廓，这样我们就能够知道鱼龙的巨大的尾巴是什么形状。鱼龙的脊椎骨弯向下，直到叶状尾巴的下部。鱼龙还长有巨大的背鳍来稳定身体。

大部分鱼龙长有长长的颚，里面布满尖利的牙齿，捕食鱼和菊石之类的动物。它们的眼睛很大，因此我们推测鱼龙是靠敏锐的视力捕食的。每只眼睛都有坚固的圆形骨头

像海豚一样生活
在中生代的海洋里，鱼龙捕食鱼和菊石。它们是鱼不是哺乳动物，却像海豚一样群居生活。

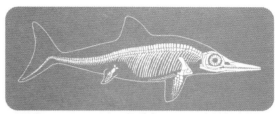

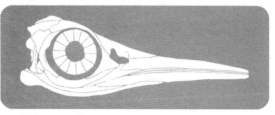

化石证据

鱼龙的特征:弯向下方的尾骨和巨大的支撑眼睛的骨头

作支撑,游泳的时候,骨头能够保持眼睛的形状。鼻孔从头顶眼睛附近一直伸到嘴前方。和所有的爬行动物一样,它们也呼吸空气,必须不时地回到水面上。不过,和其他的爬行动物不同,鱼龙的单耳骨连着中耳的骨膜,这块骨头很大。声音在水里能够很好地传播,这对鱼龙来说很重要,这点和鲸很像。

　　鱼龙十分适应海洋生活,身体的流线型也比蛇颈龙好得多,可是很令人惊异的是它们居然早于蛇颈龙灭绝。谁也不知道原因。

泰曼鱼龙

这种巨大的鱼龙能够长到9米甚至更长。

已知的最早的海龟化石已经有2亿年了。它长有壳和角质的喙,和现在的陆地龟、海龟十分相似,只是嘴巴上部长有一些牙齿。以后的海龟就没有牙齿了。这些最初的海龟不能把头缩进壳里去。

划桨两亿年

海龟和陆地龟的外壳都由角质的盾片构成。在壳下面是相互连接的多骨盾片,还连接着脊椎骨和肋骨,它们整体形成了一个坚固的盒子。尽管这样的结构有一些缺点,可是由于它能够很好地保护海龟,2亿年来这样的壳,结构几乎没有发生变化。

最早的海龟生活在淡水沼泽里。后来其中一些进化成了陆地龟,还有一些适应了海洋生活,变成了完全的水生动物。可是大部分陆地龟和淡水龟、海龟一样,仍然生活在水里或者水的附近。典型的海龟,脚长有蹼,壳扁平,是很好的游泳健将,不过游得不是特别快。它们以游动缓慢的小动物为食,比如蠕虫和昆虫幼虫,还有一些以植物为食。所有的海龟都呼吸空气,可是海龟是冷血动物,不活动的时候只需要消耗很少的能量,因此它们能在水下停留数分钟甚至几个小时。

海龟一生中大部分时间待在海里。海龟壳里长着一系列的支架代替骨头,这能减轻壳的重量,可是外部角质的盾片还是保留了下来。现存最大的海龟叫做革龟,它重达680千克。有的时

濒危种类

绿海龟已经濒危,为了获取成年绿海龟的肉和壳,人们过度捕杀它们,还从绿海龟窝里夺走它们的蛋。

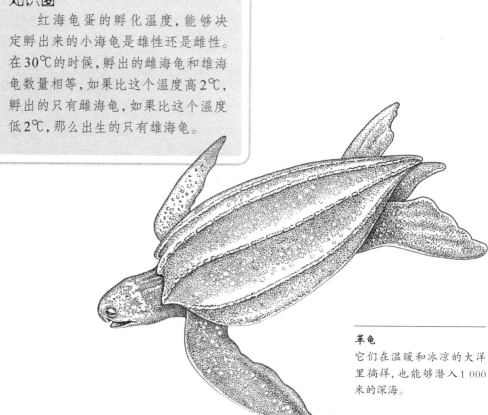

革龟

它们在温暖和冰凉的大洋里徜徉,也能够潜入1 000米的深海。

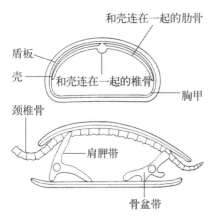

壳的内部结构

盾板

壳

颈椎骨

和壳连在一起的肋骨

和壳连在一起的椎骨

胸甲

肩胛带

骨盆带

候,海龟游泳的速度能达到每小时30千米,比人跑得还快,可是一般情况下,它们都游得很慢。海龟划动前面的长长的鳍状肢就能在水里前进,后腿作为舵来控制方向。大部分海龟靠小动物为食,不过成年的绿海龟只吃海岸附近的海草。

海龟的蛋有着典型爬行动物的蛋壳。这样的蛋必须产在陆地上,因此淡水龟把蛋产在河床的泥土里。而雌海龟就得爬出海洋,在沙子里挖洞作窝。

鳄鱼类动物是现存的最大的爬行动物种族,包括鳄鱼、美洲短吻鳄和恒河鳄等,它们在恐龙时代十分繁盛。在过去的6 500万年,它们的结构几乎没有改变。

鳄　鱼

鳄鱼和美洲短吻鳄终生生活在水里或者水的附近,因为只有这里才能显示出它们的适应性。它们长长的尾巴十分有力,两侧是扁平的。尾巴能够提供前进的推动力。鳄鱼游动的时候,腿就蜷缩在身

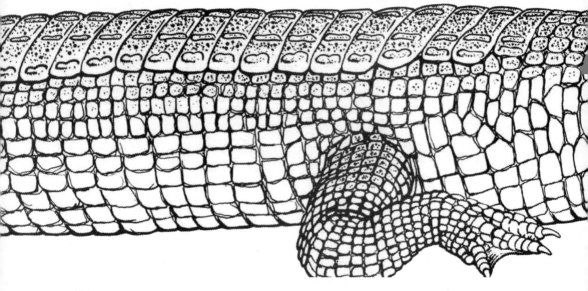

体两侧。眼睛长在头顶，鼻孔长在长嘴尖端的凸起部分。鳄鱼浸没在水里的时候，只把鼻子和眼睛露出水面，这样不仅能够呼吸空气，还能一直密切注意在水面上的猎物。

鳄鱼是不同寻常的爬行动物。从长嘴的尖端到嘴的后部长有骨头的上颚，把口腔和鼻子分开。还长有一块扁平的皮肤能够隔离开嘴后部。鳄鱼在水下捕食的时候，能够张开嘴用嘴呼吸。这一特征只有现代鳄鱼才进化完全，而现代鳄鱼从6 500万年前才开始出现。

恐鳄
下面是现代鳄鱼（左下图）和恐鳄的对比图，恐鳄能长到10米长，头骨大约2米长。

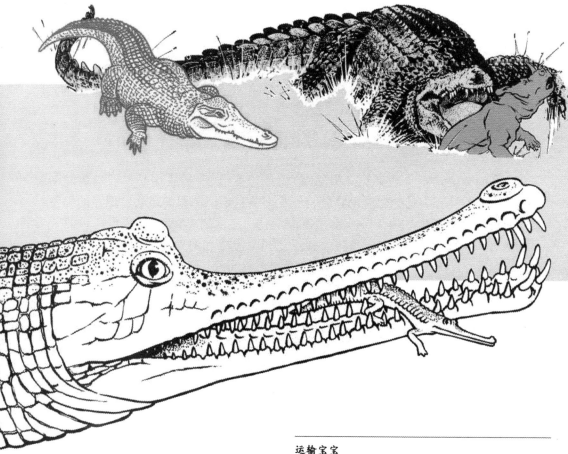

运输宝宝
鳄类，就像这只印度恒河鳄一样，十分警惕它们的窝，可能会把小鳄鱼放在嘴里运到有水的地方去。

171

5亿年前,海里就出现了鳄鱼,可是它们和现代的鳄鱼关系不大。地栖鳄和现在的鳄鱼不同,没有骨头的装甲,却长有像鱼一样的尾鳍,和桨一样的鳍状肢。某种程度上,它比现代鳄鱼类动物更适应游泳。植龙是鳄鱼的前身,生活在大约2亿年前,它和鳄鱼外形相似,习性也很相近,不过它只是鳄鱼的远亲,并不是鳄鱼的祖先。长长的颚上长有许多锋利的牙齿,它们很可能是吃鱼的。有趣的是,它们的鼻孔长在头的正上方,在眼睛附近。

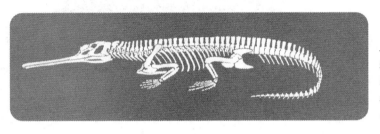

迷鳄的骨架(左图)
这并不是鳄鱼,而是植龙,2亿年前生活着很多植龙。

鳄鱼类动物长着又长又窄的嘴,比如印度恒河鳄,它们是专门吃鱼的动物。那些扁长嘴的鳄鱼类动物就只好吃一些它们能制服的东西。现存的鳄鱼和美洲短吻鳄大约有22种。它们的大小从1.2米到6米都有,咸水鳄鱼能长得更大,它们生活在印度和澳大利亚之间的海岸和河口。有的时候,也会到远海去。

蜿蜒的大毒蛇

尽管大部分蛇生活在陆地上,可是还是有近60种蛇适应了海洋生活。

海蛇和眼镜蛇有很大关系,它们也有致命的毒液,能够作用于猎物的神经系统。有一些海蛇的毒液是所有的蛇里最可怕的。海蛇必须迅速制服猎物,这样才能防止它们逃到广阔的大海里去。大部分海蛇牙齿很短,捕食小动物,比如鱼和无脊椎动物。有一些专吃鳗鱼,这些海蛇的身体形状非常适合吞咽。不过它们很少袭击人类。

条纹海蛇
这种蛇生活在海滨，
在陆地上产卵。

　　海蛇大多出现在东南亚的海洋和西太平洋里，在东太平洋到印度洋之间还发现了一种海蛇，它们的身体是黄黑相间的。大部分海蛇生活在海边，不过黑黄相间的海蛇在远海出没。

　　海蛇长有扁平的尾巴，能够推动水前进，十分适合游泳。它们还长有巨大的肺，分布在几乎整个身体里。肺能够给身体提供浮力，让游泳变得更容易，里面装满了足够的空气。海蛇能够待在水下两个小时。

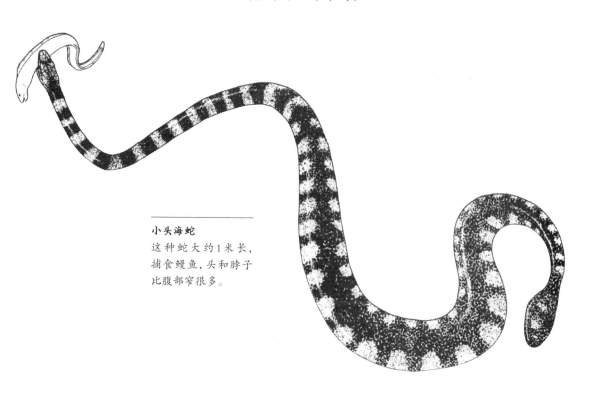

小头海蛇
这种蛇大约1米长，
捕食鳗鱼，头和脖子
比腹部窄很多。

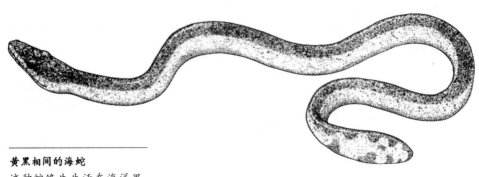

尽管只有大约2%的现代蛇生活在海里，有些科学家还是认为，蛇是从海洋进化出来的。一种化石叫做厚针龙，它生活在1亿年前的浅海里。尽管它长有小小的后肢，它的骨骼和蛇很像，还长有能张得很大的颚。这些能够说明，蛇在最初的时候可能生活在海里。还有一个例子可以说明蛇是从海洋发源的，是从它们相似的种族——巨大的海蜥蜴蛇颈龙进化来的。但这也并不意味着现存的海蛇很古老。现代海蛇属于蛇类的一个发达的家族，它们的祖先也在陆地上生活过一段时间。

海蛇的长嘴顶端长有鼻孔，鼻孔里长有瓣膜把鼻孔闭起来，不让水进去。陆地蛇的腹部一般都长有巨大的鳞片，能够抓住地面。而只有一些需要在海岸下蛋的海蛇，腹部才长有鳞片。大部分其他海蛇只长有很小的腹鳞，它们从不到陆地上去。这样的海蛇不下蛋，每次能生6条小海蛇。

黄黑相间的海蛇
这种蛇终生生活在海洋里，
靠偷袭捕食鱼类，很少追击。

第五章

水生哺乳动物

鲸的发展

尽管有些鲸体积很大,可它们都长着流线型的身体。脖子很短,头平滑地连接在身体上。前肢进化成鳍状肢,游泳的时候,可以支撑前部的身体。后肢消失,不过身体里还残留有髋骨。尾巴上还长有巨大的软骨构成的尾鳍,能够提供前进的推动力。和鱼的垂直的尾巴不同,鲸的尾鳍是水平伸展开的。肌肉收缩从而上下摆动身体后部,这样就可以摆动尾鳍。鲸的祖先很明显,有一些哺乳动物奔跑时也是上下扭动身体后部,比如印度豹。

鲸长有巨大的头和颚。不同种类的鲸的颚适合不同的捕食方式。鲸的鼻孔通向头顶,形成呼吸孔,一般情况下是关闭的,呼吸的时候才打开。哺乳动物特有的耳鼓膜消失了,耳洞很小,可是耳朵内部却很发达,听觉是鲸非常重要的感觉。哺乳动物还有一个特征,就是满身的皮毛,鲸也没有,不过有一些鲸长有少量的刚毛,可能具有感觉功能。鲸裸露的皮肤能够帮助水流平滑地流过身体。

鲸的皮肤下面有一层厚厚的脂肪,叫做鲸脂,在水里起隔离作用。

远古的鲸化石虽然不一定是鲸的直系祖先,可它们显示了哺乳动物进化到现代鲸的过程。

鲸和牛都是从每个蹄子有5个脚趾的哺乳动物进化来的。和现在的有蹄类哺乳动物不同,鲸很可能是食肉动物。陆行鲸是一种早期鲸,长有巨大的桨一样的鳍状肢,能够在

> 哺乳动物十分适合在陆地上生活,可也有一些种类适合水生生活,最有名的就是鲸。

175

陆地上移动。原始鲸大约3米长，是出色的游泳健将。由于早期鲸类主要靠尾巴提供前进的推动力，它们后面的鳍状肢渐渐消失了。鲸变成了完全的水生生物。有一些长得非常大，比如18米长的龙王鲸。

知识窗

　　许多鲸呼吸像爆炸一样，它们每次呼吸，肺里90%的空气都能交换一次，这比陆地哺乳动物多得多。

龙王鲸
这种早期鲸长着长长的身体和锯齿状的牙齿，用来捕捉鱼类。

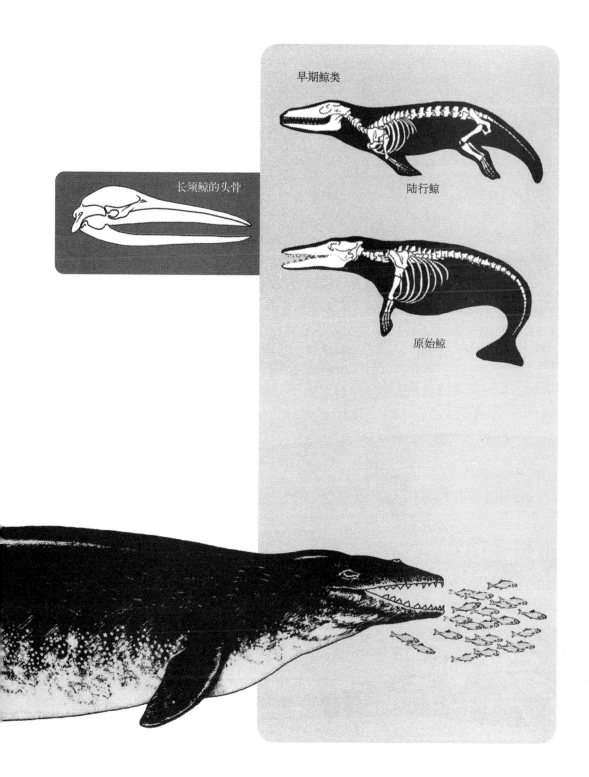

长须鲸的头骨

早期鲸类

陆行鲸

原始鲸

177

额隆

回声聚集(上图)
海豚前额的额隆能够把回声聚集起来,这样就可以判断物体的位置。

巨大的肉食动物

最大的有齿鲸是大型抹香鲸。雄性一般15米长,最大能长到20米。雌性要小一些。抹香鲸重达36吨,有的甚至更重。刚出生的小抹香鲸也有4米长,重1吨。

典型的有齿鲸,颚上长有一排相似的牙齿。它们很适合捕捉鱼类或乌贼,和成年人类一样,每颗牙齿都会伴随抹香鲸一生。长着长喙的海豚,一共有260颗牙齿。另一个极端是独角鲸,它只有一颗牙齿,突出像獠牙一样。和其他任何一种哺乳动物都不一样,有齿鲸只有一个鼻孔,鼻腔在到达头外部之前就连在了一起。有齿鲸的颚很长,大部分头骨都不对称。头骨前方长有"额隆",海豚和一些其他的鲸都长有圆圆的额头。"额隆"里包藏着一个柔软的像透镜一样的器官,鼻子向前方发出声波,"额隆"再把它们收集起来。

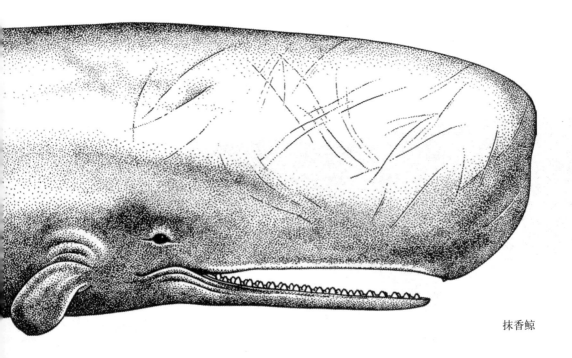

抹香鲸

声波遇到动物前方的障碍物再反射回来，回声穿过下颚充满油脂的骨头的空穴，到达耳朵里。回声让动物能够不用耳朵听，就可以在水里航行并且发现周围的情况。这种功能在海里十分有用，而对于河豚来说，这种功能是生死攸关的，因为河豚生活在世界上一些大的河流的泥水里，事实上它们完全看不见东西。

抹香鲸以鱼和乌贼为食，能够潜到2 000米深的水里捕食。有时它们也捕捉大王乌贼，可是大多时候只吃1米长的乌贼。一头抹香鲸能够潜水达一个小时之久，当它回到水面上时，就会深呼吸三十多次以补充空气。鲸的肺不大，可是它们能够把氧气储存在肌肉里，肌肉里有许多叫做肌血球素的色素细胞，这些能够延长鲸的空气供给。小一些的鲸和海豚不能潜水这么久，可是它们每次在水下也能停留数分钟。

普通鼠海豚

独角鲸

虎鲸

河豚

普通海豚

贝氏喙豚

179

滤食动物

最大的鲸仅简单地靠一些很小的食物为生。

蓝鲸是地球上所有出现过的动物中最大的动物，靠小生物为食，比如磷虾。它们靠嘴里的鲸须来过滤海水获得食物，鲸须也叫做"鲸骨"。不过鲸须并不是真的骨头，而是像头发一样的角蛋白。鲸须从嘴边的颚和齿根长出来，占据了牙齿的位置，幼年的须鲸长有牙齿，成年后就没有了。鲸须外部很光滑，面向舌头的一面磨损了一些，变成一排丝线状的东西。鲸游泳的时候张着大嘴，成千上万的磷虾就被困在丝线一样的鲸须里。嘴闭起来的时候，巨大的舌头就把食物刮下来，吞进嗓子里。蓝鲸的舌头重达4吨。在鲸的一生中，鲸须始终在生长。这样就可以弥补损耗掉的鲸须。

长有鲸须板的鲸一共有十种。它们可能是从有齿鲸进化来的，最早具有须鲸的特征的鲸鱼，它们还长有牙缝很宽的牙齿。

相对于身体来说，须鲸长有巨大的头和嘴，弓头鲸的头占到了身体总长度的40%。不同种类的鲸，鲸须也不一样长。脊美鲸和弓头鲸长有高高的弓状颚，这样才能适应它们长长的鲸须。下颚的鲸须一般很短，它们不需要去咬一

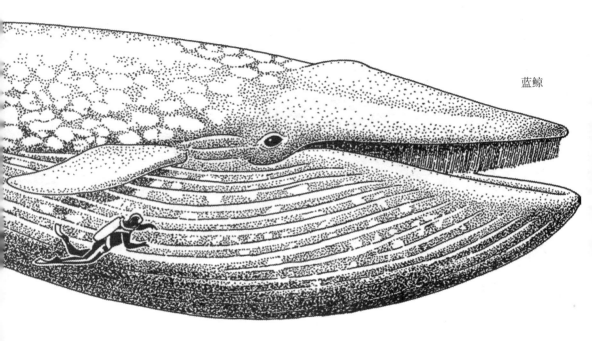

蓝鲸

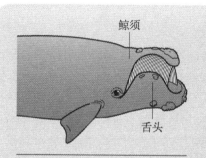

鲸须

舌头

捕捉猎物
鲸须的角质板从鲸的上颚垂下来，形成一个巨大的筛诱捕磷虾。

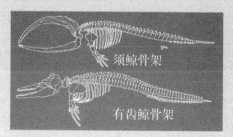

须鲸骨架

有齿鲸骨架

鲸鱼的鲸须统计数据	
脊美鲸	18米/96吨
弓头鲸	20米/110吨
小露脊鲸	6.4米/4.5吨
灰鲸	15.3米/34吨
鳍鲸	26.8米/69吨
蓝鲸	31米/178吨
小须鲸	10米/9吨
塞鲸	20米/29吨
布氏鲸	14.3米/20吨
座头鲸	19米/48吨

些很硬的东西，上下鲸须只是松松地搭在一起。不同长度的鲸须，就有不同数目的鲸须板，鲸须边缘的纤细度也不同，这样就能适应捕食不同种类的食物。

有一些须鲸主要靠磷虾为食，有一些吃小的桡脚动物，还有一些吃大型鱼类。

几乎被捕杀光了！
移动缓慢的脊美鲸这样呼吁人类，在划艇捕鲸的年代，它们就开始被捕杀了。

河马的足骨

河马是偶蹄类哺乳动物，长有4个脚趾，中间的两个占了脚的大部分重量。

兼职游泳者

有蹄类哺乳动物本质上来说，是天生的奔跑动物，可是最重的偶蹄类动物河马，大部分时间都生活在水里。河马重达3吨，腿很短，在陆地上时行动一点都不优雅。可是在水里的时候，水能够承担河马的体重，它们就能灵活地移动，能自如地在水底跑跳或者游泳。

河马一天大多数时间都待在水里，夜里到陆地上去吃草。和其他哺乳动物一样，河马的皮肤裸露在外，皮下有一层脂肪，能够隔离水。眼睛很突出，长在头顶，长长的嘴上有凸起，长有鼻孔，耳郭很小。河马潜水的时候，耳朵和鼻孔都能闭起来。它们还能把眼睛和鼻孔露出水面休息。

在12万年前的冰河时代，有一段温暖的时期，那时河马生活在不列颠。再久远之前，一些更古老的河马种类生活在非洲。现在，河马的生活范围局限在非洲，小一些的不那么依赖水的矮河马只能在西非森林里看到。

没有化石能够说明谁是河马的直系祖先，可是还是有一些科学家把河马和猪联系在一起。有一种大型哺乳动物叫做碳兽，它就属于有蹄类动物门猪科，在2 000万年前，碳兽这种动物十分繁盛。发现碳兽化石的地层年代显示，碳兽也是一种两栖动物。它们和河马可能有着相同的祖先。

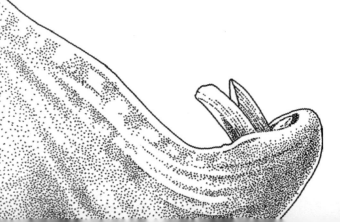

碳兽、河马和矮河马
两种现代两栖类动物、有蹄类哺乳动物与一种古代的像猪一样的碳兽之间的比较。

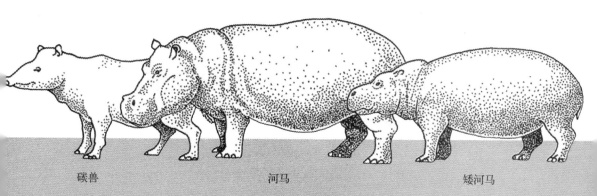

碳兽　　　　　　　　河马　　　　　　　　矮河马

和别的海洋哺乳动物不同,儒艮和海牛是植食性动物,这也是海牛名字的由来。它们大的能够长到4.6米,重1.6吨,移动十分缓慢,生活在热带和亚热带附近的海岸,吃海岸上的水草为生。它们身体的新陈代谢速度比人类的1/4还要慢,虽然皮下和器官周围都长有脂肪,可是在20℃以下的水里,它们很快就会散失掉体内的热量,因此它们不能生活在冰凉的海水里。

儒艮

海牛

在海里放牧

从6 000万年前开始,发现的所有海牛里,无齿海牛是最大的。这段时间之内,海牛的后肢逐渐消失,头和颚也进化出了专门的功能。嘴唇可以动,内外都长有刚毛,能够把植物送入嘴里。接着食物就被角质板(儒艮长有角质板)或者牙齿(海牛长有牙齿)咬碎。

儒艮和海牛更大的不同就是海牛长有圆形的尾巴,而儒艮的尾巴形状和鲸的很像。

这两种动物腹部都长有有力的肌肉,能够帮助它们游泳。前肢构成桨能够控制方向,也能把食物送到嘴里。它们眼睛小,视力也很差。儒艮和海牛都没有耳郭,外耳洞很小,不过海牛的听力不错。虽然海牛的大脑有很大一部分分管嗅觉,可是海牛的鼻孔总是闭起来的,不能确定它们究竟有多少时候用到嗅觉这种功能。和很多哺乳动物相比,海牛的大脑十分简单。肠子很长,相当适合消化植物。大部分哺乳动物都长有7块颈椎骨,海牛却只有6块。儒艮生活在西非到澳大利亚之间的沿海的海水里,也有一些生活在西南部

多重任务
儒艮在海床上吃草的时候,还能用鳍状肢在海床上"走路"。

184

知识窗

唯一生活在寒冷海水里的海牛是无齿海牛。1741年，一个遇到海难的俄罗斯探险队意外发现了这种海牛。它们生活在两座亚北极海岛的海岸上，数量只有几千只。无齿海牛身体巨大，大约8米长，重将近6吨，靠海藻为食。它们很好吃，也很容易捕到，1768年就灭绝了。从10万年前开始，从日本到加利福尼亚都发现了各种各样的海牛化石。

太平洋。现在儒艮的数量大幅度减少，主要原因是人们为了得到它的肉、油脂和皮毛，大量捕杀它们。

海牛一共有三个种：一种生活在西非的海岸上；另一种生活在从佛罗里达和加利福尼亚到巴西之间的地区，这种是最大的海牛；第三种生活在亚马孙河盆地。这三种海牛都遭遇了过度的捕杀。不过，在有些地区，它们现在已经被有效地保护起来。

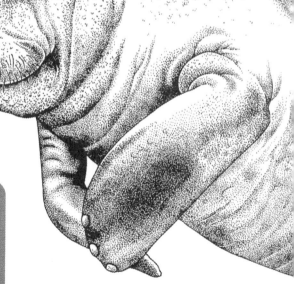

海牛
和大象一样，海牛在旧的臼齿脱落之后，会从颌后面长出新的臼齿。

灭绝的海豕

儒艮

祖先
灭绝的海豕是一种生活在2.5万年前的海牛，和现代的儒艮很相似。

海豹和海狮

海豹、海狮和海象都有流线型的身体，皮下有一层脂肪，让轮廓看起来十分光滑，而且能起到很好的隔离作用。它们大部分生活在寒冷的海水里，还有一些幸福地生活在南北极的冰川里。

它们所有的鳍状肢都可以当作桨来使用，但海豹和海狮有不同的划桨方式。海豹的后脚始终朝后，像一对鱼的尾巴一样，左右摆动提供前进的推动力。前面的鳍状肢既不用于控制方向，也不只是紧贴在两侧。对于海狮和海象来说，前面的鳍状肢比较大，在水里能够划水前进，后面的鳍状肢当作方向舵使用。它们后面的鳍状肢可以转到身体下面来，用于走路。

鳍足类动物从陆地食肉动物进化而来，很多年

海豹、海狮和海象都是鳍足类动物，都适应水生生活，也都是食肉的哺乳动物。尽管如此，它们并没有完全脱离陆地，它们还需要回陆地上去交配，生育后代。

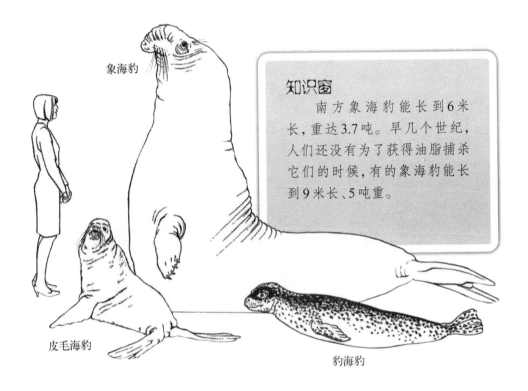

象海豹

皮毛海豹

豹海豹

知识窗

南方象海豹能长到6米长，重达3.7吨。早几个世纪，人们还没有为了获得油脂捕杀它们的时候，有的象海豹能长到9米长、5吨重。

前，它们和熊有共同的祖先。它们进化的最初阶段没有化石可以考证，不过有最近2 500万年来的化石。有一些化石展示了远古鳍足类动物的特征，还有一些化石告诉我们，海豹已经生活了数亿年了。日本海狮是一种古老的海狮，也是已知最早的鳍足类动物之一，生活在2 500万年前。

鳍族类动物靠鱼类、乌贼和其他无脊椎动物为食。许多动物都不挑食，可也有一些例外，比如食蟹海豹就有自己特别喜欢吃的乌贼。唯一吃热血动物的海豹是豹海豹，大约3.4米长，食谱包括企鹅和食蟹海豹。海象潜入水底捕食无脊椎动物。如果是柔软的动物，它们就会整个吞下去，如果是带有壳的动物，海象就会把壳里面的肉吸出来。

食蟹海豹

海象
海象的獠牙可以用于搏斗和示威，有时能够帮助它们把身体从水里拉出来。海象的獠牙并不用于捕食。

在潜水之前,鳍足类动物会使劲呼吸,有一些能够待在水下一个小时之久。在水下的时候,它们的心率很慢,鼻孔也会闭起来。它们耳洞很小,不过听觉还是很好。

会游泳的黄鼠狼

水獭和鼬、獾属于同一个家族,都生活在水里或者水周围,过着两栖动物的生活,不过各有各的特点。它们的脚都长有蹼,有些动物的脚能张得很大,有些不能,尾巴扁平长在身体下面,也有一些种类的尾巴长在身体上方。

水獭长有长长的、光滑的、流线型的身体,可是和其他哺乳动物不一样,水獭没有厚厚的脂肪,可它长有密集的皮毛,能够隔离水和空气。嘴巴上的毛进化成了又长又硬的胡须,这些触须能够帮助水獭寻找食物,在可见度很低的水里,胡须还能用来探路。对其他水生生物来说,比如海豹,这种感觉器官也十分重要。

水獭有12种,它们生活在除南极洲和澳大利亚之外的其他所有大陆的河流、湖泊和小溪里,还有一些生活在海岸附近的海水里。大部分水獭都很灵活,还是不错的游泳健将。虽然水獭能在陆地上跑得非常快,可是它们始终待在离水很近的地方。水獭吃鱼、小龙虾和青蛙,不过大部分种类的水獭都是什么容易抓到就吃什么。大部分水獭用嘴抓鱼,必要的时候还会用尖利的牙齿咬,不过非洲小爪水獭和亚洲短爪水獭会用前脚抓食物。它们还会用"手"搜寻岩石的缝隙寻找食物,尤其是小爪水獭,十分擅长这样

适应游泳
水獭通过摆动尾巴和后腿前进。它们一般不离开水很远,食物为鱼类、青蛙、小龙虾和其他小型水生动物。

来捕捉猎物。

亚洲短爪水獭是
最小的水獭，加上尾巴
也只有90厘米长，比
一只家猫还要小。最长的
水獭是南美巨水獭，全长1.8
米，重30千克。海獭是另一
种大型生物，长着矮矮胖胖的
身体，全长只有1.5米，可是
重达45千克。它们生活在
加利福尼亚往北的沿海水域
里。海獭潜到水里去寻找食物，
比如海胆、螃蟹、蛤之类。它们还是
为数不多的懂得使用工具的动物。它们
会仰面躺在水面上，把一块石头放在胸
部，然后在石头上敲打猎物的硬壳，直到
猎物的壳裂开，海獭就能把里面柔软新
鲜的肉吃掉。

时尚的牺牲品
小群的水獭经常生活在流动缓慢
的河流，或者沼泽里。人们为了
得到水獭的皮毛大量捕杀这种动
物，现在数量大幅度减少。

你知道吗?
　　海獭披有2.5厘米厚的外套，上面长有一些长长的用作保护的毛。
里面的上衣长有所有哺乳动物里最细密的
皮毛，大约每平方米10万根，这
样就能有效隔离空气。油脂
让海獭的皮毛十分光滑，不
过这也给它们惹来了被杀
的噩运。

迷你生物群

一些种族的哺乳动物，比如鲸和海豹变成了完全的水生生物，还有一些种族中，也有适应水生生活的哺乳动物。

最古老的哺乳动物是产卵的单孔动物，包括两种多刺的食蚁动物，它们都生活在陆地上。还包括鸭嘴兽，鸭嘴兽高度适应水生生活。鸭嘴兽的脚长有发达的蹼，划桨主要靠前肢。尾巴扁平，呈水平状。年幼的鸭嘴兽长有数量很少的牙齿，不过成年后就没有了，只保留下角质板，用来压碎食物。鸭嘴兽的嘴巴长有敏感的皮肤，能够帮助它寻找食物，比如小龙虾、小虾、小鱼、蠕虫和昆虫幼虫等。嘴上还长有带电的器官，能探测到猎物。鸭嘴兽的皮毛十分浓密，里面存有空气，在水里的时候，像一层隔离层一样保护身体。不过这种生物还是远古的简单生物，它十分适应自己的生活方式。鸭嘴兽进化了很长时间，它的化石能追溯到数百万年前。在南非一处6 000万年历史的岩层里，发现了一块化石，科学家都认为是鸭嘴兽身体的一部分。现在，单孔类动物只生活在澳大利亚。

有袋哺乳动物中，只有一种生活在水里，就是蹼足负鼠，也称水负鼠。它生活在热带的中南部非洲的淡水河流和湖泊里，捕食小的猎物。后脚长有蹼，划水前进。浓密的防水皮毛支撑着头，让它能够呼吸。嘴巴上的胡须很长。蹼足负鼠的尾巴又细又长，适合抓住东西，可并不适合游泳，它们有时生活在陆地

设计生活环境
海狸有砍倒小树建设河坝的习性，因此一群海狸就能够改变环境。

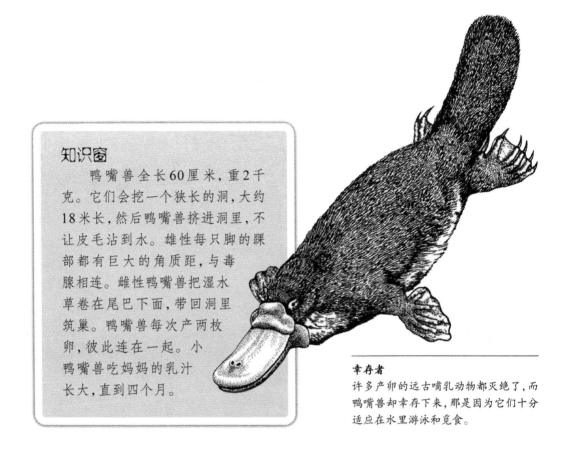

幸存者

许多产卵的远古哺乳动物都灭绝了，而鸭嘴兽却幸存下来，那是因为它们十分适应在水里游泳和觅食。

上。蹼足负鼠的育儿袋长在背上，强有力的肌肉能把它收缩关紧，妈妈游泳的时候，五只小宝宝就能被密闭在袋子里。

　　有胎盘的哺乳动物大多生活在陆地上，不过啮齿类动物和食虫类动物中也有一些是生活在水里的。半水生的食虫类动物包括：欧洲水鼠，脚边缘长有很

蹼足负鼠

这种水生有袋动物，会在河床上建设自己的洞穴，夜里出来捕食，也有的时候会到陆地上去。

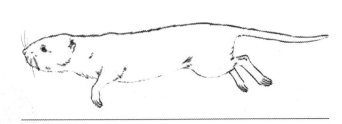

水鼠
这种水鼠出没在西欧的水域附近。

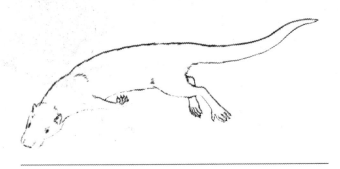

比利牛斯山麝香鼠
在高速流动的河流里,这种小型食虫动物能通过脚自由游泳,它的脚长有浓密的皮毛,而且长有蹼。

獭鼩
獭鼩生活在非洲的小河里。

少的毛可以帮助它游泳;俄罗斯和比利牛斯山脉的麝香鼠,脚长有蹼,皮毛浓密;还有獭鼩,比较大型的动物,看起来像小的水獭,有力的尾巴能给它提供在水里的推动力。水生的啮齿动物包括海狸,脚长有蹼,尾巴扁平,皮毛浓密;还有水鼠,除了脚边长有毛以外,水鼠并没有多少水生特征。

第六章

水 鸟

远古水鸟

在陆地上，动物的尸体来不及变成化石，就已经被食肉动物、食腐动物以及各种各样的天气状况等破坏了，或者直接腐烂分解。不过，在平静的池塘、湖泊或者大海里，尸体可能会沉入水底的泥土里。水下的泥土缺乏氧气，也没有食肉动物，腐烂过程很缓慢。这样经过种种变化，就有可能成为化石。被称为"第一只鸟"的始祖鸟，可能就是这样变成化石的。虽然始祖鸟不是水鸟，可是1.5亿年前，始祖鸟死后落入泥泞的潟湖里，保存下了它的骨骼和羽毛，甚至连躯体细节也保存了下来。它长有牙齿和长长的有骨头的尾巴，有可能是个笨拙的飞行家。

后来的鸟类就没有牙齿了，它们的牙齿变成颚上的角质喙，它们也不再长着有骨头的尾巴，这些变化都有助于鸟类减轻身体重量，更适于飞行。例如，胸骨增大，可以进化出更大块用于飞行的肌肉。到了8 500万年前，毫无疑问出现了各种各样的鸟类，不过其中最著名的一些还是海鸟。黄昏鸟是一种大型鸟类，有的能长到2米长，在水里用巨大的后脚游泳。黄昏鸟的外形很像潜鸟或者鸊鷉，它们完全依赖水生环境，以至于丧失了飞行能力。它们的胸骨不发达，翅膀也很小。黄昏鸟的颚上仍然长有牙齿。鱼鸟也生活在同一时期。鱼鸟体积小得多，是不错的飞行员。鱼鸟和现代的鸥或燕鸥有相似的形状，可能也有相似的生活习性，不过它们并不是近亲。

现在发现的许多鸟类化石都是水鸟。这并不奇怪，因为一些类型的水环境很适合死去的动物尸体变成化石。尤其对于小型动物来说，水环境比陆地环境更易造就化石。

6 500万年前的恐龙时
代末期,出现了一些相似的
鸟类,比如潜鸟、早期涉禽类
和鹭鸶等。到了5 000万年
前,早期火烈鸟的近亲,鹤、
鸥、苍鹭等鸟类也留下了它
们的骸骨。鸭子生活在4 000万年前,企鹅则生活在2 000万年前。到了500
万年前,大部分海鸟都是我们现在能辨认出来的了,尽管远古的鸟类还是有些
许不同。

硬骨鸟
这种鸟生活在
五百多万年前,翼
展达5米,和鹈鹕
有很大的关系,它
们在太平洋上空
飞来飞去。

194

始祖鸟

黄昏鸟

鱼鸟

黄昏鸟长着巨大的脚，三只脚趾朝前，中间一只相对较短，外面的脚趾很长，这和同时期的水鸟不同，其他都长有对称的脚趾。这样的脚很适合游泳，不过，我们很怀疑黄昏鸟是否能够站立。

黄昏鸟

鸬鹚鸟

鹈鹕的亲戚，在水下通过翅膀捕食。

195

在水里跋涉

涉禽类鸟的脚都很适应水生环境，脚需要把身体的重量分散在松软的地上，这也是涉禽类的一大特色。珩生活在水的边缘地带，所以它们相应地长着短短的脚趾，苍鹭和鹳生活得离水更近一些，它们长有长长的脚趾。火烈鸟的脚长有蹼。水雉能在睡莲叶子和其他浮游植物的表面走来走去，寻找食物，它们的脚趾是所有涉禽类中最长的。腿的长度也取决于鸟类的生活环境：有的鸟在潮水边缘寻找食物，它们只需要很短的腿就行了。还有一些鸟，比如长腿鸟，它需要站在更深一些的水里，就需要有长长的腿。如果有必要的话，苍鹭、鹳、火烈鸟能够到更深的水里去。

涉禽鸟类还会根据它们腿的长度来瓜分觅食区域，它们还长有不同长度的喙，能够伸进不同深度的泥沙中去。还有一种瓜分觅食区域的办法就是它们长有不同形状的喙，只吃某些特定的食物。比如非洲钳嘴鹳就是捕食一种蛇的专家，它能用嘴的尖端剔出这种蛇的肉。火烈鸟的喙里长有角质的过滤器。它们吃进水或者泥土，再通过过滤器把水和泥吐出

适合生存的鹭

比较下面这些鸟类的形状，看看哪种更能帮助鸟类捕食各种各样的食物，同时能避免竞争。

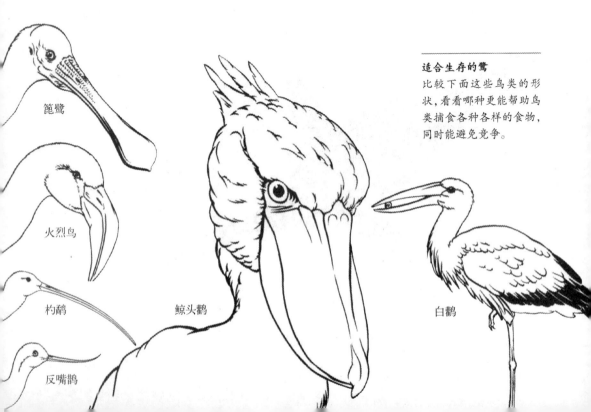

篦鹭

火烈鸟

杓鹬

反嘴鹬

鲸头鹳

白鹳

弯嘴鸻属于珩科鸟，是一种生活在新西兰的涉禽类鸟，它的嘴偏离中心位置，向右弯曲大约12度。这种变化也许是为了适应某种捕食方式，不过我们并不知道究竟是怎样的捕食方法。

喝水
火烈鸟把嘴倒放入水里，舌头通过某种过滤结构把水吸上来。

来，它们喜欢吃的藻类和小型甲壳动物就留在嘴里。篦鹭掠过水面的时候，用它们扁平的喙捕捉小的猎物。篦鹭的近亲朱鹭，探查泥土和植物寻找小动物来吃。鲸头鹳张着巨大的扁平的喙，能够捕捉青蛙和鱼，包括会在泥里挖洞的肺鱼。

在百合花上小跑
水雉的长长的脚趾能够分散身体的重量，这样它就能在漂浮的植物上走来走去。

翠鸟

有许多鸟类既不是涉禽类，也不在水里生活，可是它们还是把水作为食物来源地。

鱼鹰

剪嘴鸥

在水里游泳的和掠过水面的

鱼鹰飞过水面的时候，把锋利的爪子伸进水里，就能抓住大鱼，它们是这方面的专家。有一些猫头鹰夜里也用这种方式捕食，它们也会用爪子抓鱼。

还有一些捕食者用嘴在水里抓鱼。翠鸟一般栖息在树枝上，或者在河面上盘旋，然后突然冲向水面，用嘴抓鱼。信天翁能连续几个月在海面上飞行，有的时候把爪子伸进水里抓条鱼或者抓只乌贼。偶尔，信天翁也会跳进水里抓鱼。塘鹅是跳入水里抓鱼的专家，它们会飞得很高发现目标，然后俯冲下来，碰到水面的时候马上收起翅膀。剪嘴鸥在静水上方捕猎，它的嘴长得与众不同，下颚比上颚长很多。它们飞过的时候，尖锐的下颚会掠过水面。如果下颚碰到了小鱼，它们就把嘴伸进水里，猛地把猎物抓住。所有这些鸟类都是不错的捕猎者，可是它们却都不在水里游泳。

鸭子这个大家族里的鸟类，都长有防水的羽毛，脚有蹼，能够当桨使用，它们都能够浮在水面上。尽管漂浮在水面上，可是野鸭还是有各种各样的方法，能够倒着把植物和小动物拽上来当食物。有些天鹅也不示弱，它们十分擅长伸长脖子到水里吃植物。琵嘴鸭长着又宽又扁的嘴，不时地把嘴伸进水里捕捉小动物和小植物。凤头潜鸭能潜入水下很短的时间来寻找食物。鹈鹕是出色的游泳者,和它的近亲们一样,鹈鹕的脚蹼长有四个脚趾。大部分的鹈鹕在水面上游动,用嘴下面的袋子当作渔网打捞猎物。还有一些会集体协作,把鱼赶进一个小的包围圈,就更容易抓到了。美国褐色鹈鹕能够像塘鹅一样潜入水里捕食。

镖鲈在水里沉得很低,只把背顶和像爬虫一样的头露在水面外,因此它们还有一个名字叫做蛇鹈鸟。镖鲈会缓慢逼近猎物,拨开水面,然后突然用嘴去刺鱼。接着镖鲈就会甩动嘴,把鱼头先吞下去。

知识窗

鹈鹕的嘴比胃能装的东西还多。它长有巨大的喉袋,不过,它很少把食物在喉囊里储存很长时间,很快就会咽下去。鹈鹕捕鱼的时候,喉囊里装的水比它自己都重。吞咽食物或者准备起飞的时候,它们会把水吐出来。

鹈鹕

塘鹅　　　　　琵嘴鸭　　　　　镖鲈

在所有的鸟类中,企鹅是最适于在水下游泳和潜水的,它们一共有16种。企鹅长有鱼雷形状的身体。在水下时,翅膀可以飞,就像别的鸟在空中飞一样。不过,企鹅的翅膀又短又僵硬,游泳的时候很笨拙。

水下鸟类

企鹅不能飞,游泳的时候姿势十分古怪。它们十分适应水生生活。企鹅身体矮胖,皮毛油滑浓密而防水。皮肤下面长着一层油脂能保护自己。血液系统中有若干热交换的结构,这些结构也能帮助企鹅保持体温。例如,在鼻孔里,呼出空气4/5的热量能够保留在身体里,只有1/5散失在空气里。

这些保护措施都是必需的,因为企鹅是冷血动物,有一些生活在南极附近,一些生活在非洲和南美洲的海岸和加拉帕哥斯群岛的赤道附近,还有一些生活在寒流经过的地方,寒冷的水流能给它们带来丰富的浮游生物和鱼类。

和大部分别的鸟类相比,企鹅的骨头是实心的。身体的密度和水的密度几乎一样,这样潜水就更容易。大部分

独特的构造
企鹅能够笔直地站立,因为它的脚长在身体很靠后的部分。脚长有蹼,在水里能够很好地控制方向。

知识窗

企鹅和一些海雀都长着黑色的脊背,白色的腹部,这样的颜色在水里不容易被发现。通常根据头和脖子的颜色区分不同种类的企鹅,企鹅在水里的时候,头和脖子是露在水面外的,很容易看到。

国王企鹅

帽带企鹅

凤冠企鹅

巴布亚企鹅正在游泳

企鹅只能潜水一两分钟,不过最大的企鹅——帝企鹅,能够潜水达18分钟,深260米。

除了企鹅以外,鸟类中能潜水的还有潜鸟和鹏鹕。这两种鸟的脚都长在身体正后方,能够推动身体前进。它们在陆地上几乎不能走动,不筑巢的时候就会待在水里。另一方面,它们的翅膀和正常鸟类一样,能够用于飞行,捕食鱼类和其他的小型水生动物。

在北半球,和企鹅相似的动物是海雀,比如角嘴海雀、尖嘴海雀和其他海雀科的鸟类。海雀是鸥的近亲,身体呈流线型,矮矮胖胖的,在水里用翅膀提供推动力游泳。虽然它们的翅膀很短,不过在空气里很有用。海雀是优秀的飞行家,扇动翅膀的速度很快,这样才能停留在空气中。大海雀却是一个例外,它们很少飞行,大约重8千克。1844年,狩猎者杀死了最后一只大海雀。

被捕杀以致灭绝
大海雀在水里游得很好,却不怎么能够飞行,当人类搜捕它筑巢的地方时,它的厄运就降临了。

亚特兰大角嘴海雀
这种鸟靠抓小鱼为食,比如沙鳗,还能把一些鱼放在嘴里带到别的地方去。

伟大的北部黑喉潜水者
这些鸟生活在干净的北方的湖水里,用它们强有力的脚抓鱼吃。

第七章

水生环境

对于生物来说,海岸是一个具有挑战性的生活环境,因为那里的环境是一直在变化的。在涨潮和退潮之间,一天中有些时候,动物是被海水淹没的。不过,之后它们就会暴露在外面,被太阳晒干,也有一些被困在小水塘里,小水塘里的水变热蒸发,之后盐的浓度增加,直到下次潮水再来。它们还需要和海浪搏斗。

海 岸

生活在多岩石的海滩上的许多动物都长有壳,用来保护自己,如玉黍螺、海螺等。退潮的时候,它们常常躲在小水塘或者岩石缝隙里。帽贝会用肌肉紧紧夹紧岩石。下次涨潮的时候,这些动物就会离开栖息地,在岩石表面走来走去找海藻吃。藤壶也是这样,没有水的时候,它们就把壳闭起来,下次涨潮的时候,再把壳打开伸出脚来找吃的。它们用吐出来的线把自己固定在岩石上,只有海水来的时候,才打开壳。海葵、海绵体动物、海鞘和其他软体动物都能在满是岩石的海滩的隐蔽处存活下来。

虽然满是岩石的海滩环境很恶劣,可是它还是能够提供各种各样的生存环境,因此生活着数目惊人的生物。通常来说,岩石海滩都有一系列不同的环境,不同的环境都生活着相适应的动物和海草。

沙质和多泥的海滩也能提供各种

小型水底生物
在海岸的泥和沙砾缝隙里生活着微小的、细长的小生物,一般全长只有0.1～2.0毫米。

各样的挑战。海水每天都会冲刷海滩，所以海藻和表面生活的动物十分稀少。在地下，生活着蠕虫、螃蟹和甲壳动物，沙子里充满了长蛤和蛏子。它们一般都待在沙子里，只把呼吸用的管子或者捕食的触手伸到表面。喜欢这种生活环境的动物并不多，不过在这样的环境下幸存下来的那些动物，数量十分庞大。

招潮蟹

这种生物生活在高潮线和低潮线之间的洞穴里。退潮的时候，它们会爬出来寻找食物。雄性长有巨大的脚，主要用于向异性求爱。

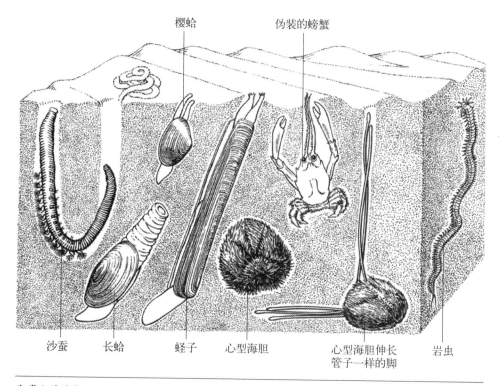

樱蛤　　伪装的螃蟹

沙蚕　　长蛤　　蛏子　　心型海胆　　心型海胆伸长管子一样的脚　　岩虫

海岸上的居民

在沙土的海岸上，退潮的时候，动物们都生活在潮湿的洞穴里。许多动物是滤食性动物，涨潮的时候，会到沙地的表面呼吸找食物。

世界上最大的海汐带在新斯科舍的芬迪湾，高潮线和低潮线之间能达到15米。世界上其他地方可能只能达到1米。

有一些珊瑚虫只生活在寒冷的海水里，可是还是有某些特定种类的珊瑚礁，生长在热带海洋里，水温在18℃~30℃之间。在23℃~25℃的干净的水里，珊瑚礁生长得最好，不过河口一般都不会发现珊瑚礁。

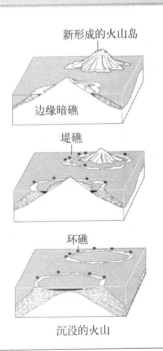

珊瑚礁的形成

浅海都会生长珊瑚礁。大堡礁位于澳大利亚北部的海岸，由数百万只珊瑚虫建造而成。

生活在海岸上的许多动物都产卵，幼虫回到海里，变成浮游动物，数不清的幼虫都死亡了，只有少数残存下来，长大成熟。有一些动物，比如康吉鳗和肉蟹，它们小一些的时候生活在较低的有潮水涨落的地区，成年后会搬到离海岸远一些的地方去。

珊瑚礁

珊瑚礁由数百万小的珊瑚虫的骨骼构成。这些小动物每天都留下一些碳酸钙的物质，在它们自己身体下面或者周围建起骨骼。骨骼的形状多种多样，有的珊瑚虫群体是圆屋顶状，还有一些是扇形的树枝状。有的珊瑚虫死去了，其他的在顶上继续生长。最后的结果就是，外部的珊瑚虫们用皮肤表层薄薄的组织，在内部建造出碳酸钙构成的珊瑚礁。珊瑚虫们和小的单细胞藻类生活在一起。那些藻类利用阳光和二氧化碳制造养分，有一些二氧化碳是和它们生活在一起的珊瑚虫呼吸吐出的。珊瑚虫会利用藻类制造的单糖和氧气。珊瑚虫生活需要光

● 珊瑚礁

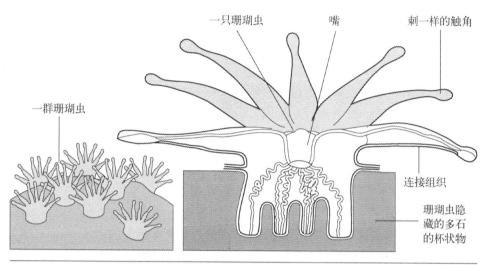

一群珊瑚虫　　　一只珊瑚虫　　嘴　　刺一样的触角

连接组织

珊瑚虫隐藏的多石的杯状物

珊瑚虫

每只珊瑚虫大约只有1～3毫米宽,不过一群珊瑚虫可能有数百甚至数千只。

线,它们不能在水深超过50米的地方生活,因此,珊瑚虫一般都分布在靠近海岸的地方。

实际上,达尔文早在1840年就曾经说过,可以通过珊瑚生活习性来分辨珊瑚礁。边缘暗礁长在离陆地很近的地方,珊瑚虫用它们的触角捕捉小的甲壳动物,在朝海的那一边有着丰富的甲壳类动物。在朝海的一边,暗礁往往生长得很快,不过也可能会死去。暗礁渐渐地移到离陆地有一段距离的地方,变成堤礁。在太平洋中的许多火山岛附近都能发现这一过程。有的时候,火山岛会渐渐沉没到水面之下,可是周围的珊瑚礁会继续在表面生长,这样就会形成环礁。

一系列珊瑚礁

"大脑"状的珊瑚礁,"桌子"状的和树枝状的珊瑚礁,还有许许多多各种各样的珊瑚礁。

环礁是一圈珊瑚礁,不过中间并没有小岛,内部建造的珊瑚虫遗骸和里面的沙子一起可能会形成泻湖。

　　珊瑚礁最初是珊瑚虫建造的,后来变成地球上最复杂的生活环境之一,许许多多动物生活在珊瑚礁不同形状的空间里,用不同的方式捕食。珊瑚礁里的生物多样性能够和地球上最复杂的环境——热带雨林相媲美。

和珊瑚礁一起生活

　　一座珊瑚礁里,大约生活着多达3 000种不同种类的珊瑚虫、鱼类和甲壳动物。

　　鱼类和哺乳动物,都靠珊瑚礁为食。比如蝴蝶鱼就会用长长的嘴和刷子一样的牙齿,把珊瑚礁里的小生物挑出来。鹦嘴鱼长着鸟喙一样的门牙,嗓子里还长着磨碎食物的牙齿器官。有一些鱼完全吃植物为生,还有一些鱼切下小块的珊瑚礁、骨骼等所有东西,然后把它们磨碎,吸取营养。

　　许多濑鱼用门牙从珊瑚礁和岩石里找到小动物,然后用嗓子里的牙齿把螃蟹和甲壳动物磨碎。其他的鱼,比如绯鲵鲣,会用触须在底部挖掘,然后把找到的小鱼吸上来。从小的虾虎鱼到大型的鲶科鱼都是捕食者,食物有螃蟹、螳螂虾、海星,还有一些软体动物。夜幕降临的时候,一大批捕食者出来在珊瑚礁里漫游,包括欧洲海鳗和一些蛇,这两种动物都有高超的狩猎本领,能够找到夜里躲在岩石缝隙里的猎物。

　　珊瑚礁里的植食性动物包括各种各样的鱼,比如刺尾鱼和雀鲷。在大西洋的珊瑚礁里,还生活着海胆。还有一些鱼等着捕食带进珊瑚礁里的浮游生物,就像篮子海星,会把像羽毛一样柔软的胳膊伸展开捕捉猎物,珊瑚虫也是这样。

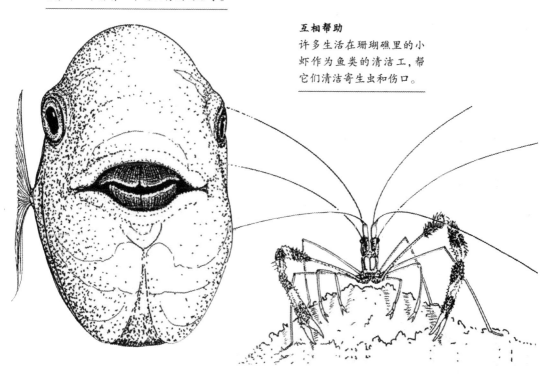

鹦嘴鱼

这种鱼长着与众不同的鸟喙一样的颚，所以才会有一个这么特别的名字。

互相帮助

许多生活在珊瑚礁里的小虾作为鱼类的清洁工，帮它们清洁寄生虫和伤口。

知识窗

　　珊瑚礁里最特别的工作就是清洁工。濑鱼清洁工生活在同一个地方，会做广告告诉大家它们在哪里。其他的鱼，包括一些和濑鱼一样大的鱼都会到它们住的地方来，张着嘴和鳃耐心地等着清洁工帮它们去掉皮肤里的寄生虫，有时候甚至要从嘴里和鳃里挑出寄生虫。有一些种类的小虾也是清洁工，它们从食肉动物的攻击中获得免疫力。清洁工是一个重要的工作。

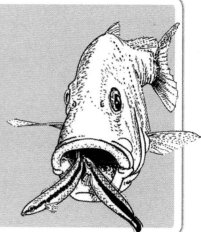

知识窗

海星荆棘一样的花冠把它的肚子内部翻到外面来，覆盖在珊瑚礁的顶部把它消化掉。虽然这些数量巨大的海星不会给珊瑚礁造成长期全面的破坏，可是，在20世纪，至少有两次，海星"灾难"把大片的珊瑚礁变成了白骨。

欧洲海鳗
它们躲在岩石的缝隙里，夜里出来捕食。

浮游生物、漂浮的生物是环境的基础，生活在海洋表层。阳光穿透海水，藻类就会进行光合作用。只有表层的180米深的海水，对于植物来说光线才充足，就算在最干净的海水里也是这样。不过，并不是所有的海水都一样。

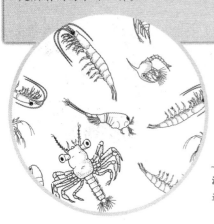

远 洋

水流涌出的地方，都会从下面带来许多营养物质，这些地方的浮游生物就比别的海域丰富。温带的海洋浮游生物最多，特别是在春季和初夏，大部分热带海洋的浮游生物都比温带海洋少很多。一立方米水里有4亿个小植物。事实上，海洋里所有的植物都是浮游生物，其他的所有生物都直接或者间接地依赖它们为生。相对来说，生长在海岸上的水草就不那么重要。

浮游动物靠吃浮游植物为生。有一些小的甲壳动物，比如小型桡脚动物只靠浮游生物为食。还有一些浮游生物是螃蟹、鱼、蠕

浮游动物
这些小的浮游动物包括桡脚动物、藤壶和蠕虫幼虫。

虫、海星、水母等动物的幼虫，它们成年后就会生活在别的地方。有一些幼虫直接吃浮游植物，还有一些吃小的浮游动物。浮游生物也给鱼类提供食物，比如鲱鱼、凤尾鱼、鲭鱼等。有一些靠浮游生物为生的动物，白天生活在深水里，夜里浮到表层来捕食，这样就有可能避开比它们大的食肉动物。姥鲨和一些鲸也靠浮游生物为食。

海洋中部生活着大群的鱼类，比如金枪鱼和梭鱼，它们的身体呈流线型，像鲨鱼一样，是灵活的食肉动物。有一些鱿鱼也游得很快，它们也生活在海洋中部，是凶猛的肉食动物。

有一些动物长有刺，来对抗这些食肉动物。还有一些鱼生活在一起，一大群一起移动，一起突然转弯，捕食者就很难挑出一个来捕捉。

随着季节的改变，海洋某一区域的生产力也在改变。鲱鱼鱼群会来回移动，追逐浮游生物最丰富的海域。大一点的食肉动物，比如金枪鱼，会横穿宽广的大西洋或者太平洋来追逐猎物。

浮游植物
硅藻是单细胞"植物"，长着硅石外壳。

●浮游生物的
集中分布地区

浮游生物
海洋表面能够发现
不同种族的生物。

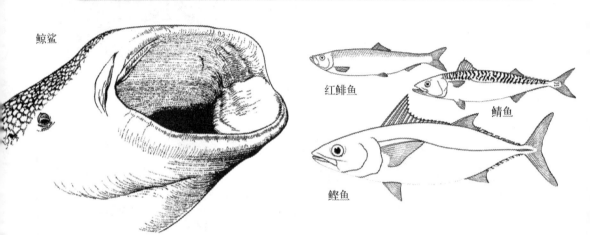

鲸鲨

红鲱鱼

鲭鱼

鲣鱼

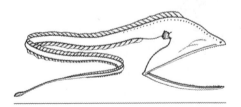

吞噬鳗
长有巨大的嘴和可伸缩的胃，再大的猎物都能吞得下。

深　海

　　深水里大部分食物都来自上面的海水。深水生物必须利用这些水上来的水流，因为里面混杂着动物尸体、植物、碎片，还有排泄物，否则它们就只能相互厮杀了。水下的生物密度很低，不过，在这个广阔的生活环境里，单体的数量和生物的种类都多得惊人。对于我们来说许多动物的形状和习性十分古怪，不过，在这样恶劣的环境下生存，这些都是必需的。

　　在这样光线微弱的地方，许多鱼都长着大眼睛，以便更有效地利用光线。通常眼睛都长在头顶正上方，这样能够发现从上面下来的食物或者逆着微弱的光线游来的小猎物。这一区域的鱿鱼也长有大眼睛。有一种鱿鱼叫做网状鱿鱼，长着一只巨大的眼睛，另一只小一些。它一般悬浮在水里，用巨大的眼睛注视着上方。

在漆黑的深水里，大部分时间眼睛什么都看不到，因此鱼和其他动物都长着小眼睛。不过，这个区域的很多动物，都长有特殊的器官能够自己发出光线。这样的光线一般用于寻找同类，有的时候也能够吓退敌人。有一些鱼，比如琵琶鱼，在头前面长着棒状的触须，能够发光引诱猎物。

深水里的动物，很少能够偶遇食物。它们必须抓住任何遇到猎物的机会。许多深水鱼长着巨大的嘴，凶猛的牙齿，胃能够伸缩，以便容纳有时比它自己的身体都大的猎物。许多鱼虽然外表奇特又凶恶，其实只有30厘米长，有的甚至更短。它们的身体也很脆弱。常常待在水环绕的环境里，很少接触固体，也不需要粗糙的外表。大部分时间都几乎静止不动，等着猎物上门。有的有发达的触觉传感器，长在身体侧面或者触须上，帮助它们发现猎物。

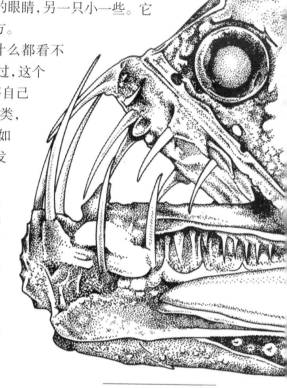

蝰鱼
这种鱼的牙齿能抓住它遇到的任何一个猎物。

世界真奇妙

天使鱼完全解决了求偶的问题。雄性天使鱼一生中什么都不做，一孵化出来，就开始游来游去寻找异性。找到后就会进入它的身体，像寄生虫一样和雌性天使鱼融为一体。和雌性天使鱼相比，雄性体积很小。雄性从雌性那里得到营养物质，产卵期到来的时候，提供给雌性天使鱼精子。

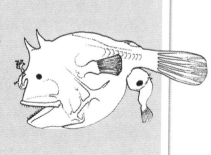

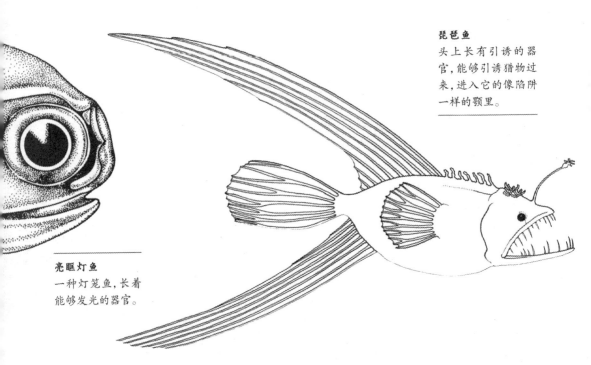

琵琶鱼
头上长有引诱的器官,能够引诱猎物过来,进入它的像陷阱一样的颚里。

亮眶灯鱼
一种灯笼鱼,长着能够发光的器官。

海底火山

大洋底部大部分是平坦的,很少有生物生存。不过,即使是这样的环境,还是有幸存者生活下来。泥土里包括单细胞动物、小的蠕虫和小型双壳类软体动物。泥土的表面还生活着海黄瓜、海蛇尾和海胆。海绵体动物也生活在这里。所有这些生物都靠从上面漂下来的小生物为食。

即使是海里最深的地方也有生命存在。有的鱼类靠腐肉为食,比如长尾鳕鱼。由于海底的环境十分荒凉,许多海底鱼类比上面的鱼类精力更充沛。不过,也有一些鱼类很娇弱,比如三脚鱼,它们靠三只长长的鳍站立,等着食物经过。

最奇异的生物不是在平坦的大洋底部,而是生活在海底的山上,这些海底山彼此相连,构成了中海山脉。海底被分割开来,分割的地方,水渗进地球内部。这些水被加热到很高的温度,冒着气泡,里面充满了火山物质。含有硫黄的水从小的火山口流出来。化学物质在周围结晶,形成塔状物。虽然水温高达400℃,可是这里的压力太大以至于这么高的温度水都不会变成蒸汽。这样的环境下,生物完全没有生存的可能。

不过,在火山口周围滚烫的液体里,发现了丰富的生物群体。火山口涌出的含有硫化氢的液体,对大多数生物

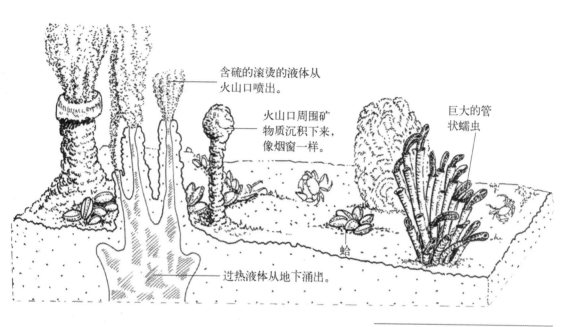

含硫的滚烫的液体从火山口喷出。

火山口周围矿物质沉积下来，像烟囱一样。

巨大的管状蠕虫

蛤

过热液体从地下涌出。

来说都是有毒的，可是那里生活的一些生物，却把它作为能量来源。巨大的管蠕虫，能够长到2米长，生活在太平洋海底的火山口附近。不过它们没有嘴也没有内脏。它们身体大部分重量都由细菌组成，这种细菌能够利用硫化氢制造生命必需的氧气。蛤和蚌类生活在附近，它们身体里也含有这种细菌，不过蚌类长着正常的能够吃东西的嘴。在大西洋里，火山口能给细菌提供丰富的含硫物质，小虾靠这些细菌为食，它们是海洋食物链的第一环。

不一样的世界
火山喷发的能量催生了各种各样的生物，和表面的生物形态完全不同。

小型火山口生物
在炽热的火山口能够发现许多动物，包括专门适应这种环境的虾和螃蟹。

世界真奇妙

在加拉帕哥斯群岛附近的炽热的火山口的液体里，生活着一种白色的管蠕虫，它们能够在任何动物都不能承受的高温下生存。它们通常生活在65℃下的环境里，在80℃下也能生活很短一段时间。

三脚鱼

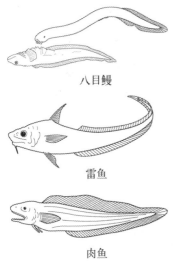

八目鳗

雷鱼

肉鱼

自从1979年发现了海底这些火山口的热液以来，已经在它周围发现了数百种新生物。它们是世界上最丰富的生态系统之一。有的科学家认为，它们能给我们揭示地球上最初的生命是如何维持生命的。

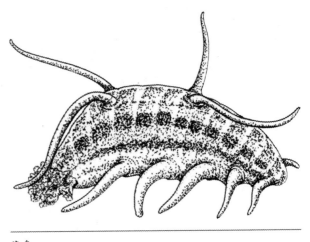

海参
海参和海胆是亲戚。它在海床上移动，捡小微粒来吃。

极地海洋

南北极都有大片永不融化的冰川，短暂的夏天到来的时候，冰川周围的区域会融化，冬天会再次冻结。即使在夏天，那里的水温很少在冰点以上。不过，这里还是生活着数量惊人的生物。浮游植物，硅藻生活在冰川里面，它们甚至能够在冬天生存下来。还有一些微生物和甲壳动物也生活在这里。春天来临的时候，光线充足，浮游植物十分旺盛，浮游动物的数量大幅度增加，大群的其他动物迁移到这里来觅食。

威德尔海豹生活在大西洋冰川下面，靠圆滚滚的身体里面厚厚的脂肪保暖。它需要呼吸空气，所以不能一直待在水下。它透过冰层的呼吸孔呼吸，会不时地用牙齿咬孔的边缘防止它冻结。不过，这

南极大陆是一片广阔的土地，周围环绕着冰冷的海洋。北极是一大片海洋，不过，有一些北部的大陆延伸进了北极圈。

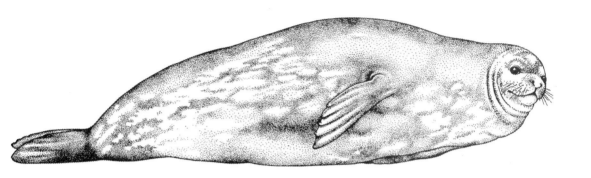

也带来了牙齿问题，让它们不能活得很长。

　　极地海洋里的许多动物身体里都含有类似防冻剂的物质。冬天的时候，生活在大西洋海岸的帽贝会移动到更深的水里，以便远离冰川，神秘的防冻液会涂满身体表面。在北极一些鱼类的身体里也发现了防冻液，大西洋的鱼类普遍都含有这种物质。这种物质能够阻止冰晶的形成。大西洋冰鱼的血液里没有血色素，是一种苍白的生物。在寒冷的充满氧气的水里，它们没有红色的血液，却能设法生存下来，不过行动迟缓，新陈代谢也十分缓慢。

　　冰层下的海床也是许多动物的家。在寒冷的海水里，这些动物生长得很慢，不过有一些能长得十分庞大，比如1米长的带状蠕虫。在表层冻结的海水里，还生活着海星、海胆、螃蟹、小一些的甲壳动物、许多双壳纲软体动物、海葵等动物。

韦德尔氏海豹
来自最南部的哺乳动物，能长到3米长，重达450千克。

冰鱼
只有很少一些鱼类能够生活在大西洋冰冻的海水里。

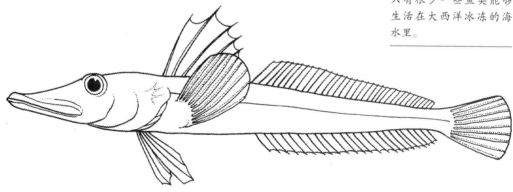

知识窗

一些成年的磷虾,夏天的时候积累脂肪,冬天的时候生活在冰下,身体的新陈代谢比夏天慢很多。甲壳动物身体长大的时候会蜕皮,长出新的外壳。冬天的时候,磷虾却是相反的过程。它们蜕皮后会变得比原来小很多,夏天食物充足的时候,又会再次长大。

小溪和河流里的水常常是运动的,不过,缓慢流动的低地河流和山里的溪水源头完全不同。在水源附近,溪水流速很快,有时候,急流里会携带着石子和大石头。

交换居民

河流一直流向大海,生活在里面的动物也就适应了快速流动的水流,比如翠鸟和鲑鱼,它们会给生活在缓流里的动物让路。

在流水里生存

在快速流动的河流里,任何东西都很难找到立足点。植物仅仅只有岩石上黏滑的海藻。一些有力的游泳动物,比如鲑鱼,才能够固定住身体,并且吃掉河水带来的虫子。在世界上许多地方,生活在山间溪水里的鱼类都长着扁平的身体,以便适应环境,它们生活在水底或者石头下面,也有的长着吸盘来固定自己。有的时候嘴会进化成吸盘,就像泥鳅。还有一些情况下,比如婆罗洲吸盘鱼,鳍变得又大又平,成为有黏性的圆片。东南亚

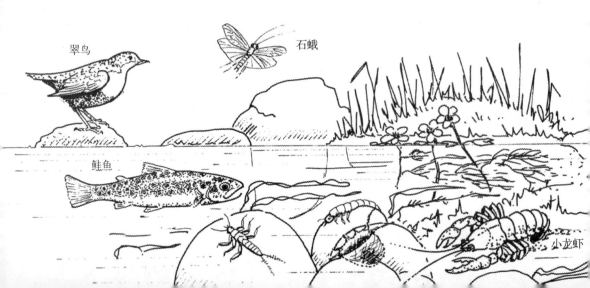

翠鸟　石蛾　鲑鱼　小龙虾

急流里的蝌蚪，嘴下面也长着吸盘。

有些昆虫也能在急流里固定自己。石蝇若虫长着长长的腿、有力的爪子和平平的身体。有一些石蛾幼虫能够吐丝把自己固定在一个地方。有的还能结网捕捉那些被水流冲下来的食物。墨蚊幼虫会用背上的钩子固定自己。

有的鸟能在急流里寻找水草吃。翠鸟在水下走的时候，头朝下，翅膀向上，逆着水流走，水流能帮助它固定自己。

水流在河道里流得越久，流速越慢，更多动物能适应这种环境。各种蛇和蚌类，加上蜉蝣类和蜻蜓、甲虫都能在里面生活。这里的鱼不需要游得很吃力，这里还能发现鲤科小鱼和其他流线型身体的鱼类。再流得远一些，流速就更慢了，河水在低地蜿蜒流动。许多植物都能在这里生长，还有缓慢游动的鱼，比如拟鲤、鲤

适者生存
生活在急流里的鸭子能够逆着高速流动的南美河流游动，在水下找东西吃。

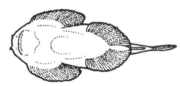

婆罗洲吸盘鱼
这种鱼身体下部完全变成一个吸盘，能够在急流里紧紧吸在岩石上。

你知道吗？

　　淡水小龙虾是龙虾的亲戚，它们生活在流速缓慢的溪水里或者硬水区域的河流里。它们需要水里大量的钙，壳才能生长。全世界大概有500种淡水小龙虾。

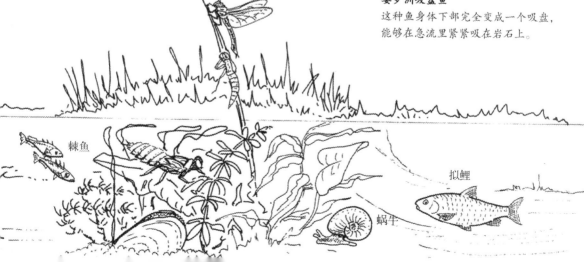

棘鱼

拟鲤

蜗牛

在水里散步
池黾是一种能够在
水里行走的昆虫。

池塘就是小的浅的水。湿季池塘里会充满水，干季的时候，水慢慢蒸发水位降低，有的时候会全部蒸发。湖泊是较大较深的水域，和池塘不一样，湖泊里大部分都覆盖着植被，有一些湖泊很深，植物只能在边缘生长。

淡水海豹
只有1.2米长，贝加尔海豹是唯一生活在淡水里的海豹。它常常头朝下在水面附近游泳，找鱼来吃。

鱼、绿色的翻车鱼，它们都从河底找吃的。这些温暖的缓慢流动的溪水比山里的溪水氧气少一些，不过，植物释放出的氧气弥补了这一点。这样的河水里的昆虫和池塘湖泊里的是一样的。

静　水

池塘是一个艰难的生存环境，生活在这里的动物需要一些特别的本领才能生存下来。比如，有一些小虾生活在干旱的地方，它们在雨后的小水塘里孵化，一生只有几个星期，产的卵就算干了也能存活几个月甚至几年。

湖水的深处十分寒冷，生物大都生活在表层。不过，湖泊能够容纳各种各样的生物。有的湖很大，生物种类很多，有的生物只生活在某个湖泊里，其他任何地方都没有。在一些东非大裂谷的湖泊里，生活着许多丽鱼，它们就是在这些湖泊里进化的。坦噶尼喀湖里生活着大约

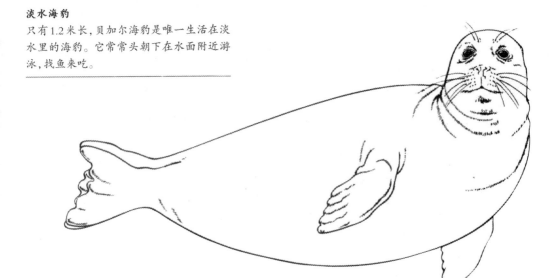

130种生物,包括一些特殊的鱼类。俄罗斯的贝加尔湖有近900种生物,其中许多都是贝加尔湖特有的。甚至有一种海豹是只生活在这里的,它们是已知最小的海豹。它和北极的环斑海豹是近亲,海洋靠近湖泊的时候,这种海豹可能侵入了贝加尔湖。

尼亚萨湖丽鱼

池塘的静水能够提供一种其他水域没有的生活环境,那就是水表面也能生存和捕猎。像池鼋这种昆虫能够毫不费力地走来走去,抓住那些掉进水里的或者离水面太近的猎物。水分子之间的引力足够形成一个平面,让别的动物在上面行走,只要它们不攻击水面就行。池鼋的脚上长着防水的蜡。虽然昆虫的脚会让水面泛起涟漪,可是并不会破。其他的小虫子和甲虫也会玩这个把戏。

静止的淡水常常会有许多浮游生物,它们构建了食物金字塔的底层。这之上是小动物和掉进水里的食物微粒。在池塘和湖泊里,浮游生物不断地被吃掉,然后又会不断地生长,那些较大的食肉动物比浮游生物多得多。这和陆地不同,陆地上的食肉动物数量不多,占据食物金字塔底部的生物占绝大多数。

知识窗

海蛾鱼是一种可怕的食肉动物,生活在池塘或者湖泊的底部。这种灰不溜秋的小虫子在池塘里生活两年多,然后蜕变成会飞的昆虫。它长着长长的能旋转的颚,上面长有毒牙。平时的时候会收起来,然后突然弹出来抓住小鱼、蝌蚪和昆虫。

能旋转的颚,会突然弹出来捕捉猎物。

第八章

迁 移

它们为什么迁移

在交配的季节，许多生物为了找到配偶，都聚集在某个固定的地点。像信天翁这样的海鸟，一年的大部分时间都各自活动，到了交配季节，才会聚集到一些海岛上去。在交配的时节，海狮会聚集在那些适合它们交配的海滩上。一年中剩余的时候，它们也都是各自生活的。海龟也是这样，它们很喜欢在陆地上生育繁殖。

绝大多数动物都是独自生活的，它们在成年以后分散在海洋各处。因此，寻找配偶和繁殖后代就成了一个难题。

绿海龟生活在热带海洋里，可它们只选择在很少的一些地方生育，大西洋的绿海龟会到阿森松岛去产卵。它们在海面上交配，然后雌海龟就会游到海岸边，把产下的蛋埋到沙

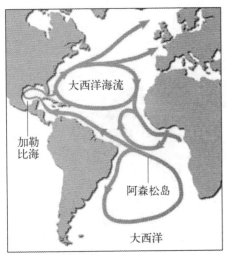

命中注定
刚刚在阿森松岛孵化出生的绿海龟，就本能地动身回到海中。

子里，然后返回水中。整个交配季，每只海龟都要这样重复交配产卵好几次，然后成年的海龟就各自分散。大部分成年绿海龟会游到2 000千米以外的巴西海岸，寻找食物。随着下一个交配季节的到来，它们就又会逆着水流游回来。因为水流的速度和海龟游动的速度几乎一样，因此，没有人能想出它们是如何完成这一壮举的。有可能它们选择了一条远一点、但容易走的路线。可是它们为什么要这样大规模地迁移呢？阿森松岛的确是一个交配的好地方，但有一些更近的岛屿也很适合绿海龟交配。答案很可能是这样的：迁移实际上是一个很古老的习惯，从几百万年以前的海龟就开始了。那时候，南美洲大陆和非洲大陆还没有漂离开那么远。那个时候，海龟横穿大西洋可能只需要经过很短的旅程，但这样的旅程每年都会增长几厘米的长度。

有的鲸每年都要在南（北）极和南（北）回归线之间做一次长距离的迁移，原因显而易见。夏天的时候，它们到极地海洋中尽可能多地寻找食物；到了冬天，就游回温暖的海洋里养育后代。因为在那里，小鲸在出生后的几周内，能够很好地和外界隔离。从六月到十月，灰鲸生活在西伯利亚地区和美国阿拉斯加州之间的海水中。十月以后，那里的海水开始结冰，它们就开始顺着美国的西海岸游到墨西哥和加利福尼亚州旁边温暖的潟湖里，在那里过冬。幼鲸一般出生在一月，它们的父母则会继续交配。尽管这个时候，成年的鲸很难找到食物，但幼鲸在母亲充足的奶水喂养下，很快地成长起来。到了三月或四月，那些小鲸已经能自己去食物充足的地方找吃的了。

世界真奇妙
有的灰鲸每年要洄游2万千米。

灰鲸生活在极地海洋中，以生活在海底的甲壳动物为食。

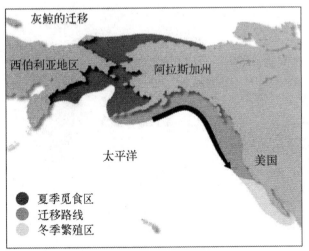

灰鲸的迁移

西伯利亚地区　　　阿拉斯加州

太平洋　　　　　美国

- 夏季觅食区
- 迁移路线
- 冬季繁殖区

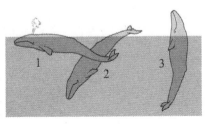

活动中的鲸
1. 喘气
2. 潜水
3. 侦查跳跃

为了繁殖而迁移

大马哈鱼是一种海鱼，但是要迁移到淡水中去繁殖。它们把卵产在沙床上，春天的时候，小鱼苗孵化出来。最初的几个星期，小鱼苗要靠卵黄获取营养物质。接着就可以吃一些无脊椎动物而长成幼鱼，幼鱼都长有斑纹拟态。幼鱼开始捕食后，顺着水流开始游动。

知识窗

北太平洋的大鳞大马哈鱼游到河流上游产卵，最远能游到加拿大育空地区，其产卵的地方距海洋3 600千米。

幼年的大马哈鱼到达入海口，需要1～5年的时间，这取决于当时的环境。在进入海洋之前，它们要在这里适应咸水。在海洋里，大马哈鱼吃一些小鱼，生长得很快。

在海洋里生活4年以后，它们重可达14千克，有的甚至有32千克，然后它们游回淡水中繁殖。大马哈鱼能够凭借气味和感觉，准确地回到自己出生的小溪里。它们拼命地寻找自己的路，有时跳跃起来会翻出巨大的浪花，最后到达产卵的河床。经过这样艰难的旅程，许多大马哈鱼精疲力竭，甚至有些会死去。其他的则顺着水流又漂回到海洋中，然后在海洋中寻找食物，直到第二年，它们又回去产卵繁殖。大马哈鱼为了繁殖而游过的路程，可能有几百千米甚至上千千米。

欧洲鳗鲡也是一种为了繁殖而迁移的动物。尽管鳗鲡是一种淡水鱼，但它却在马尾藻海的咸水中出生。鱼苗在流向欧洲的墨西哥暖流中漂流，长成

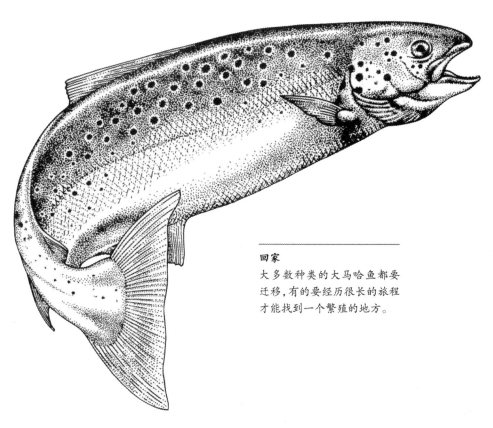

回家
大多数种类的大马哈鱼都要
迁移，有的要经历很长的旅程
才能找到一个繁殖的地方。

鳗鲡的旅程
成年鳗鲡在北大西
洋中部的马尾藻海
域产卵。地图显示
了鳗鲡幼鱼的繁殖
之旅所历经的地
区，这段旅程要耗
费它们4年时间。

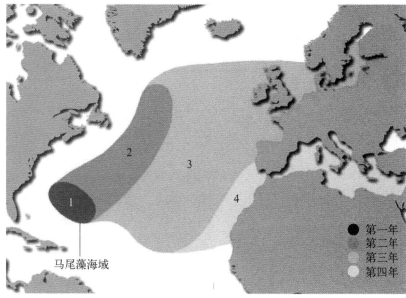

马尾藻海域

第一年
第二年
第三年
第四年

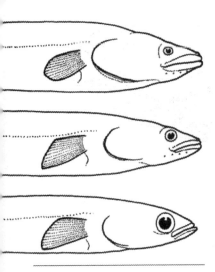

视力进化

淡水鳗鲡迁移到海里繁殖。到达繁殖地的时候,它们已经长成大眼睛的鱼了。

幼鱼。这个时候,它们是半透明的,像树叶一样扁平,看起来一点也不像鳗鲡。

到达海岸的时候,这些幼鱼身体变圆,长成成体鳗鲡的形状,也长出了腹鳍。刚开始的时候身体透明,像是"玻璃鳗",长出色素后,就变成"幼鳗"了。这两种形态的鳗鲡都生活在河流里,成年的鳗鲡会在淡水里生活10年甚至更久。它们捕食并成长,随后开始它们横跨大西洋的旅程去繁殖后代。它们的眼睛会变大,头的形状也会改变,身体变成银灰色。一次旅程要花7个月时间,其间鳗鲡不吃任何东西。我们不知道鳗鲡是怎样认路的,不过,对于脊椎动物来说,这样的一生是非同凡响的。鳗鲡具有许多种不同的形态,它们每次旅程都将近5 000千米。

陆生动物

ON THE LAND

张月伦/译

Part 3
第三部分

这一部分中，我们介绍了地球这颗行星的演化过程、多样性和特征以及从古至今生活在地球上的各种生物。我们共分七个章节向读者讲述：

第一章为陆地，展示了陆地上的动物所处的生活环境，并简单地回顾了陆生动物的进化过程。此外，本章还介绍了地球进化史上的物种大灭绝。

第二章为化石，讲述了化石的形成过程、化石年代的测定方法以及一些化石燃料对人类的贡献。

第三章为无脊椎动物，略述现存的和已经绝迹的无脊椎动物的主要种类，其中包括蜗牛、蚯蚓以及各种各样的节肢动物（即节足动物）。

第四章为两栖动物和爬行动物，以其现代种类为例，介绍了这两类脊椎动物的进化过程。

第五章为哺乳动物，是本书中最长的章节。哺乳动物是陆生动物中最重要的种类，本章追溯了哺乳动物的古代历史，并较为详细地介绍了它包含的主要种类，或者说它包含的主要"目"。

第六章为鸟类，描述了那些不具备飞行能力的鸟类。这些鸟类的生活方式同飞奔的哺乳动物十分类似。

第七章为生态群落区，介绍了地球上主要的几种生态环境，并以代表性物种为例，阐明动物如何适应环境。

第一章

陆 地

陆 地

地球上各主要大陆板块的格局分布,并不是一成不变的。大陆是由地壳板块托载的,而几百万年以来,缓慢的地质作用已经逐渐改变了这些板块的位置。在过去的不同时期里,板块之间以不同的方式相互联结,例如,澳大利亚、南极洲和南美洲曾经是连在一起的。过去的地理分布不仅极大地影响了各种动植物群落的进化情况,还严重制约着它们的扩张能力。

大陆漂移导致了大陆之间的碰撞,相互碰撞的主要大陆板块可能会在边缘慢慢地形成"褶皱",这个过程需要几百万年的时间。例如,南部的印度洋板块向北漂移,与亚洲的主要板块发生碰撞,形成了喜马拉雅山脉;太平洋板块和南美洲板块相遇并相互挤压,形成了安第斯山脉。喜马拉雅山脉和安第斯山脉都是比较"年轻"的山脉,拥有很多世界上最高的山峰。较为古老的山脉,如苏格兰山脉,经历了几亿年的地质演化,如今已被削磨得较为平坦,其山峰都比较低矮。

各大陆的平均高度是海拔840米,但不同地点的海拔相差很多。世界最高点是珠穆朗玛峰峰顶,高达8 844.43 米[①],而陆地上的最低点在死海海滨,低于海平面430.5米。

陆地上的一些地区,如澳大利亚部分地区和欧洲东部,拥

陆地的总面积约为1.49亿平方千米,占地球表面面积的30%。如今,世界上三分之二的陆地集中在北半球,而澳大利亚、南美洲的绝大部分、非洲的一部分和亚洲的一些边远岛屿都位于南半球。

---

① 据珠穆朗玛峰测绘史,1958—1960年用水银气压计测定为8 882米,1975年测得"珠峰"高8 848.13米,2005年测得高度为8 844.43米,至今未改。

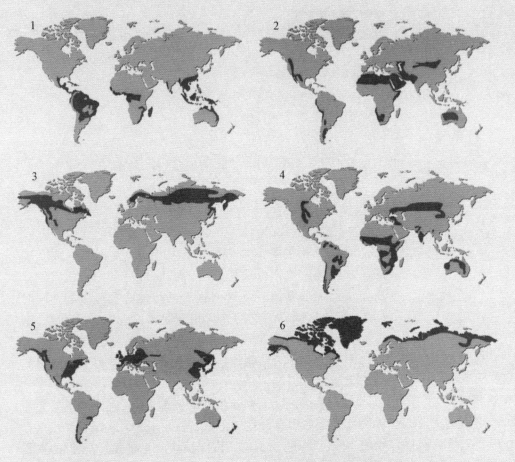

1 **热带雨林生物群系**
位于赤道附近，气候温暖，雨水充沛。

2 **沙漠生物群系**
极为干旱，通常比较炎热，几乎没有植被。占陆地面积的五分之一。

3 **针叶林生物群系**
冬季漫长、夏季短促的林带。

4 **草原生物群系**
气候温暖或温和，但无法为林木生长提供所需的充足水量。

5 **温带森林生物群系**
气候温和，具备林木生长所需的充足水量。很多树种在冬季树叶脱落。

6 **冻原生物群系**
一年中大多数时期处于冰冻状态，植s株矮小。

生物群系
生物群系是指有相似气候条件、类似植被类型的不同区域。

按面积大小排列,世界上各大陆面积依次如表1-1所示。

表1-1 世界各大陆面积排序

序　号	大　陆	面积（单位：万平方千米）
a	亚　洲	4 458
b	非　洲	3 137
c	北美洲	2 471
d	南美洲	1 784
e	南极洲	1 400
f	欧　洲	1 018
g	大洋洲	853

世界各大陆

有宽广无垠的大平原。地形的巨大变化,使生活在这里的动物有必要作出适应性变化。正因如此,几百万年来陆地上一直有动物繁衍生息,直到如今的现代世界,仍存有各种各样的动物。当然,地形变化只是动物演化的原因之一。

气候带

地球上存在着一系列明显的气候带。赤道地区几乎全年阳光直射，非常炎热。越靠近两极，气温越低。在极地，阳光必须穿透厚厚的大气层，才能抵达地表，因而相当寒冷。

地球自转时地轴是倾斜的，所以，南（北）极地区会在春分（秋分）后出现极夜现象。风和海流的循环也会对气候造成影响，但气候的基本类型是简单明了的。热带地区全年气候都十分炎热。纬度较高的地带是温带，夏季温暖，冬季寒冷。纬度最高的地区，临近两极，这里一年到头都非常寒冷，夏季格外短暂，几乎是转瞬即逝，只有在这会儿，才可能有些冰雪融化。

一般来说，在地球上较为温暖的地带，只要水量充足，生物种类就会丰富多样，这一点不足为奇。南极洲的冰冻荒原最不利于生物的存活。不过，地球上的任何地方都不可能毫无生命。在高山地带，

一月

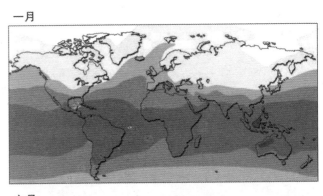

七月

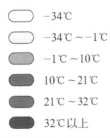

- -34℃
- -34℃～-1℃
- -1℃～10℃
- 10℃～21℃
- 21℃～32℃
- 32℃以上

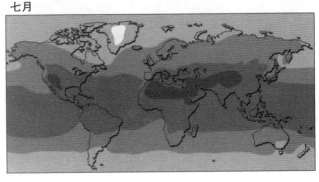

一月和七月的气温带
离赤道越远，不同季节的温度变化越明显，温差越大（上图给出了以摄氏度表示的温度）。

温度随高度增加而递减，所以能在不同的高度发现不同的气候带。在最高山峰的山顶上，会感觉像到了北极一样寒冷。

根据气候和降水量，地球可以划分为几种生物群系。每种生物群系都有其独特的、代表性的植被类型和动物种类，但不同大陆的具体物种可能会不同。

要注意的是，地球并不是一直都这么温暖的。有证据表明，地球在4.45亿年前进入一个大冰期，在3亿年前又开始另一个大冰期。从地质学的角度来说，直到不久前，地球才脱离冰期进入间冰期。北美洲的冰盖消融仅是11 000年前的事情。有人认为，我们现在正处于大冰期内一个较为温暖却十分短暂的间冰期。

陆生生物

在4亿多年前，陆地上开始有植物生长。它们的祖先很可能是绿藻，但这些新出现的陆地植物已经进化出一种导水组织，接着，又很快进化出支撑组织。这样它们再也不用像以前那样，最多只能像毯子一样平铺在地面上，而是可以向上生长了。

陆地上最早出现的动物是节肢动物。它们长有分节的足和一种叫做外骨骼的坚硬外壳。在由水栖环境向陆生环境过渡的过程中，外骨骼对于节肢动物来说，可谓功不可没。在无水的条件下，外骨骼不仅起着支撑作用，还可以防止水分蒸发。它们的呼吸器官也能够很好地适应转变，由呼吸水中的空气转为直接呼吸空气。

> 几十亿年来，整个地球的水域中生活着大量形态各异的生物。但是，4亿多年前，陆地上还没有生命存在的迹象。当时的陆地毫无遮掩，备受风雨侵蚀，环境极为恶劣，生命难以生存。

恐龙时代
此时的全球气候都较为温暖。

白垩纪
这一时代结束时，各大陆还没有漂移到现在的位置。

知识窗

不能认为过去的气候和现在的基本相同。在白垩纪（1.45亿~6 600万年前）的大部分时间，地球气候都比较温暖，甚至在极地附近也同样温暖，全球气温比现在要均衡得多。这段时期是恐龙和翼龙的全盛期，从赤道到南极，都是它们的天下，即便冬天的极地笼罩在一片黑暗之中。

不可思议的是，早期的一些陆生节肢动物，如蝎子等，与现存种类的外形十分相似。这些陆地上的动物新居民，尽管有的可以以腐烂的植物为食，但总体来说，它们几乎都无法适应直接食用植物，它们中的大部分都变成了掠食动物。

在这批最早的居民登陆几百万年后，鱼类才开始实施它们的登陆计划，一些鱼进化成为四足类动物，即早期的"两栖动物"。又过了几千万年，如今我们熟悉的两栖动物，如青蛙和火蜥蜴等，才开始出现。在它们登上生命演化的历史大舞台之前，一些四足类动物已经可以在旱地上繁衍了。3亿年前，所谓的"羊膜动物"逐渐进化成为爬行动物和似哺乳类爬行动物。似哺乳类爬行动物就是哺乳动物的祖先。

从恐龙时代起，似哺乳类爬行动物就开始向哺乳动物进化。最早的哺乳动物并不属于我们今天可见的任何种类。我们现在熟知的哺乳动物的主要种类，即单孔类、有袋类和有胎盘类哺乳动物，直到很晚才出现。

第一代陆地居民
我们哺乳动物的早期祖先一度生活在恐龙的阴影之下。

表1-2 不同时期地球上的生物

时期	当时的生物		
第三纪 第四纪	灵长目	全齿目	奇蹄目
白垩纪	三角龙属	蜥臀目	被子植物
侏罗纪	本内苏铁目	鸟臀目	蜥臀目
三叠纪	鳄目	兽孔目	
二叠纪	节肢动物	盘龙目	松柏门
石炭纪	原兽亚纲	节肢动物	裸子植物
泥盆纪	蕨类先祖	节肢动物	迷齿亚纲
志留纪	古蝎属	莱尼蕨属	
奥陶纪	阔翅类	地钱	
寒武纪	无陆地生物		
原生代时期	无陆地生物		

物种大灭绝

大约7 000万年前，恐龙是陆地上居于统治地位的大型动物。它们种类繁多，能适应多种生活方式，是当时最高等的动物，似乎注定要充当地球上永远的霸主。

非鸟类恐龙在6 500万年前全部消失了。不仅是陆上的恐龙，其他的爬行动物，如海里的蛇颈龙和空中的翼龙，也都突然消失了。很多鱼类和无脊椎动物绝迹了。在陆地上，体形比狼大的动物几乎没有幸存下来的。多种动物在同一时期大量消失，这就是"物种大灭绝"。

为什么会有这么多动物灭绝？我们目前还没有确切的答案，但科学家举出了很多不同的假设试图解释。在这一时期，可能有颗体积较大的小行星与地球发生了撞击，撞击点在如今的墨西哥海岸。我们可以想象到当时的情景：滚滚尘云腾空而起，热浪奔流，烈焰冲天。全球气候很可能由此陷入一片混乱，在很长一段时间内都没有恢复正常。

大约在同一时期，在地球另一端的印度一带，火山喷发后涌出大量熔岩，吞没了周围数万平方千米的土地，也对气候造成了影响。

犹因他兽（左图）
一种大型哺乳动物，在恐龙灭绝之后出现。
盾甲龙（右图）
一种食草爬行动物，生活在2.5亿年前的大灭绝之前。

但是,在这些事件发生之前,恐龙就已经走向衰亡了。2 000万年间,恐龙的数量一直在减少。在"大灭绝"于岩石层留下记号之前的几百万年里,一些甲壳动物就绝迹了。那段时期内,海平面的下降使内陆地区变得更为干旱、荒芜,一些新的陆地露出来,把以前相互隔绝的地带连了起来。动物可以越过这些陆地,到达以前没去过的彼岸,这实际上加剧了它们之间的生存竞争。突然发生的陨星撞击,也许不过是给这些趋向衰亡的物种最后一击。

这次"物种大灭绝"见证了恐龙时代的终结,但它并不是地球历史上唯一的物种灭绝事件。如果以动物灭绝的比例来衡量,这也不是最具灾难性的一次。几亿年的岩石层提供了一些颇为有趣、引人入胜的线索,它们也许能揭示导致恐龙灭绝的真正原因。但毕竟时间已经太久远了,我们可能永远不会知道真相。

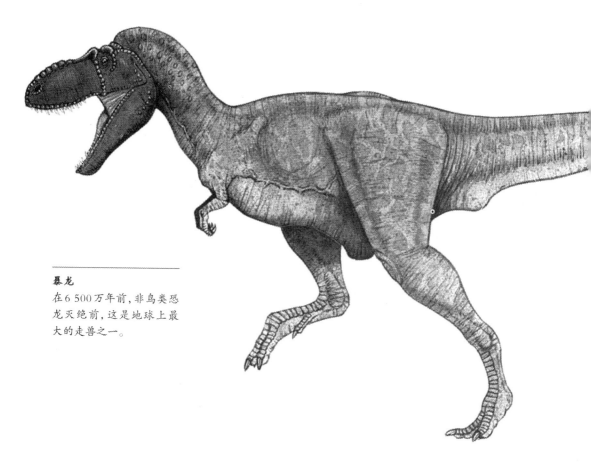

暴龙

在6 500万年前,非鸟类恐龙灭绝前,这是地球上最大的走兽之一。

大灭绝

时间	发生的现象	可能的原因
4.45亿年前	海洋中的生物多样性大大降低	大冰期到来,伴随火山活动
3.55亿年前	三叶虫、多种鱼类和海绵动物出现	全球气候变冷、浅水地区面积大大减小
2.5亿年前	90%的物种灭绝,包括最后的三叶虫	剧烈的火山运动、海域面积变小、更为极端的陆地气候
2.05亿年前	65%的海洋物种、超过30%的陆生脊椎动物、绝大多数的陆生植物灭绝	气温升高、小行星撞击
0.65亿年前	所有的非鸟类恐龙、其他大型爬行动物、许多其他物种灭绝	气候变迁、小行星撞击、火山活动

第二章
化　石

琥珀
几百万年以前，这只苍蝇被困在树脂里而得以保存至今。

化石的形成

有时，动植物的遗体在合适的条件下可以保留在岩石中，形成化石。即便如此，它们也有可能被地质作用破坏，例如受到侵蚀或暴露于地表。但是，仍有一些化石可以在岩石中保留数百万乃至数亿年之久，直到有一天，我们把它们发掘出来，并深究其中蕴含的那些久远的生命信息。

较小的软体动物形成化石遗留下来的机会很小。而生活在水中的动物在死后会沉到水底，遗体被水下的泥沙掩埋，这样，它们的骨骼或外壳可能不会腐烂。由于最终被一大层厚厚的沉积物覆盖，其骨骼或外壳可能会渐渐地被新的矿物质替代，从而形成一种坚硬的原型复制品，这就是化石。

有时候，动物坚硬的骨骼或外壳，会被从沉积物中渗入的酸性物质溶解，只留下一个空壳，保留着动物原有的形状。

陆地上形成的化石比在水中稀少。许多陆生动物之所以能形成化石，也是因为它们的尸体是遗留在水里、水边或者泥沙中的。在陆地上，绝大多数动物的尸体都被吃掉了，或是很快地腐烂了，森林里的动物更是如此。要是被风吹来的

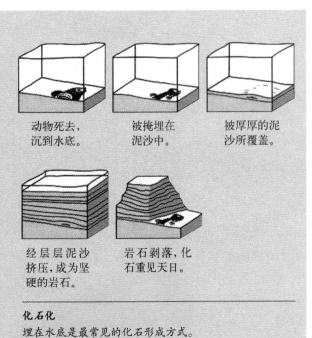

动物死去，沉到水底。

被掩埋在泥沙中。

被厚厚的泥沙所覆盖。

经层层泥沙挤压，成为坚硬的岩石。

岩石剥落，化石重见天日。

化石化
埋在水底是最常见的化石形成方式。

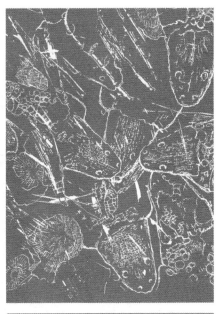

美国新墨西哥州发现的四足类动物化石
这些"两栖动物"死于200万年前，在一个即将干涸的池塘的泥土层中遗留了下来。

世界真奇妙

　　并非只有动物的尸体才能形成化石，动物生活的洞穴也能在岩石中保存下来，最早的陆地化石中有些就是洞穴。它们到底是怎样产生的，至今还是个谜。

　　一个脚印，甚至一串脚印，也能在泥土中保留下来。如果它们正好跟哪种动物的脚掌相匹配，我们就可以推理出这种几百万年前的动物在当时是怎样行走的，有时还能计算出它走动的速度。人们还发现了动物粪便形成的化石，这就是粪化石。

恐龙的一个脚印

同样的，如果能够确认它们的主人，我们就可以了解关于这种动物饮食习惯的信息。连窝、巢和蛋都有可能埋在泥沙中形成化石。

一块粪化石

沙尘掩埋,或者被火山灰覆盖,它们就有可能形成化石。小动物可能会被困在树脂里,如昆虫或蜘蛛,包裹着它们的树脂会形成琥珀化石。

几千年前的近代动物也有可能被保留下来,而不必是几百万年前的远古生物。它们要么是在干燥的环境里变成干尸,要么是在寒冷的环境里被冷冻起来。

化石年代的测定

有时,岩石区某一部分可能会变形或倒折,次序全被打乱了。但是,只要地质学家能辨认出发生的到底是哪种情况,他们就可以精确地追查到上一地层或下一地层。

借助于对全世界许多地区的研究,我们可以绘制出岩石年代序列图。例如,白垩纪这样的主要地质年代,就是通过这一时期沉积的岩石层发现的。我们可以估算一下形成这种厚度的沉积物所需的时间,以计算这一地质时期可能的起止时间和持续时期。

> 确定化石年代最简单的方法,是看它被发现于哪一岩层。一层沉积岩总是平铺在另一层沉积岩上。在正常的岩石中,岩层越靠上,就越年轻。

存在时期有限但分布较为广泛的物种,可以帮助我们识别同一时期的沉积物,哪怕相隔甚远。详尽的勘测工作可以让科学家们把发现的大部分岩石按年代次序排列好。但是这些岩石的年份是无法确定的,哪怕只是标明大概

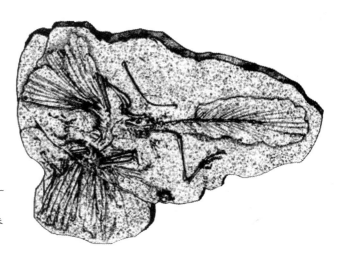

始祖鸟
这块化石来自1.5亿年前的侏罗纪。

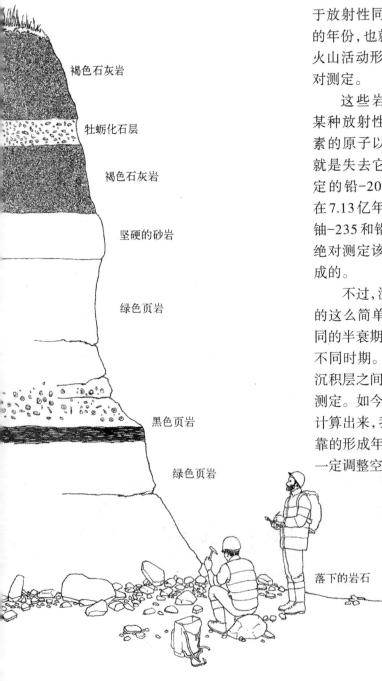

褐色石灰岩

牡蛎化石层

褐色石灰岩

坚硬的砂岩

绿色页岩

黑色页岩

绿色页岩

落下的岩石

的年代都做不到，除非我们能发现岩石中含有的放射性元素的性质。借助于放射性同位素，我们可以测定精确的年份，也就是进行绝对测年。至少，火山活动形成的火成岩的年份可以绝对测定。

这些岩石中的矿物质可能含有某种放射性元素，如铀-235。这种元素的原子以一种稳定的速率衰减，也就是失去它们的一些原子，而变成稳定的铅-207。这种铀样品会有一半在7.13亿年后变为铅。测一下岩石中铀-235和铅-207的相对含量，就可以绝对测定该岩石最初是在多少年前形成的。

不过，测量和计算绝不像我们所说的这么简单。不同的放射性元素有不同的半衰期，分别对应着地球历史上的不同时期。如果火成岩形成于不同的沉积层之间，那么沉积物的年代就可以测定。如今，已经有足够的岩石年代被计算出来，我们可以确定大多数化石可靠的形成年代。当然，这些结论还是有一定调整空间的。

化石测年
沉积岩层可以帮助我们确定化石的相对年代，越往下的岩层越古老。

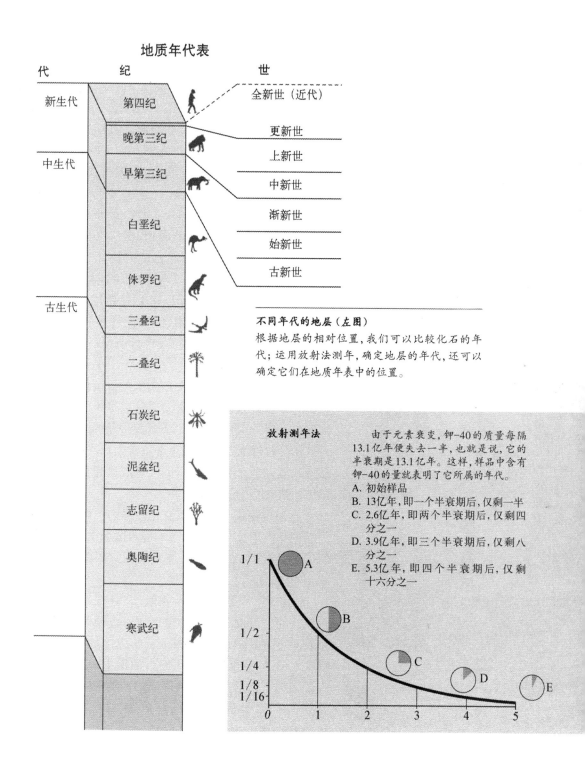

地质年代表

代	纪	世
新生代	第四纪	全新世（近代）
	晚第三纪	更新世
中生代	早第三纪	上新世
		中新世
	白垩纪	渐新世
		始新世
	侏罗纪	古新世
古生代	三叠纪	
	二叠纪	
	石炭纪	
	泥盆纪	
	志留纪	
	奥陶纪	
	寒武纪	

不同年代的地层（左图）

根据地层的相对位置，我们可以比较化石的年代；运用放射法测年，确定地层的年代，还可以确定它们在地质年表中的位置。

放射测年法　由于元素衰变，钾-40的质量每隔13.1亿年便失去一半，也就是说，它的半衰期是13.1亿年。这样，样品中含有钾-40的量就表明了它所属的年代。

A. 初始样品

B. 13亿年，即一个半衰期后，仅剩一半

C. 2.6亿年，即两个半衰期后，仅剩四分之一

D. 3.9亿年，即三个半衰期后，仅剩八分之一

E. 5.3亿年，即四个半衰期后，仅剩十六分之一

241

化石燃料

煤、石油和天然气都是化石燃料。它们是由很久之前的生物遗骸形成的。这些遗骸经过凝缩后，变成了一种对人类非常有用的资源。

来自远古的宝贵遗产
3亿年前的沼泽林，是我们现在使用的优质煤的主要来源。

利于形成化石燃料的环境并不常有，它们往往集中于少数几个地质年代。这种重要的沉积物已经不可能再生了。虽然地面上还有为数不少的化石燃料，但它们正被人们开采、利用。总有一天，人类再也无法开采到足够的化石燃料来满足文明社会的能源需求了。

最好的优质煤大都是3亿年前形成的。3.54亿～2.9亿年前的地质时期，之所以被称为石炭纪，正是因为它对应的岩层中含有大量煤炭。在这期间，低地上生长着大片沼泽林，其中的主要树种是石松和木贼，它们可高达30米，与它们的现代亲缘植物相比，要高得多。这些树木死后倒在酸性水环境中，部分能得以保存，而不会彻底腐烂。

有时，海水会淹没低地上的沼泽林，沉积物堆积在这些植物残骸之上，并对其施以重压。之后海平面下降，植物再度生长，开始又一轮的周期循环。沼泽林在大部分时间里都正常生长，海水和沉积物则间或来袭。尽管如此，煤层比起它周围的沉积物来说，还是要薄得多。

石油也是由生物残骸变化而来的。微小的海洋生物的遗体沉积到海底的静水区域中，体内所含的碳化物逐渐析出，并聚集到封闭的岩层中，就形成了石油。

天然气与石油的成因相似，常存在于石油层的上部。正如某些盐层的形成，石油的形成依赖特定的石灰岩。世界上一半以上的石油，都集中在西亚和墨西哥湾的大油田中，它们是在恐龙时代的后半期开始形成的。美国得克萨斯州的石油形成于更早的时期，大约是在1亿年前。

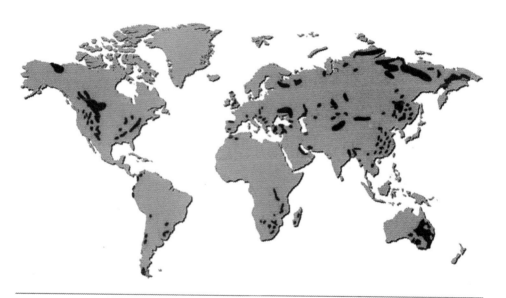

化石燃料的分布

这幅地图标明了世界上发现化石燃料的主要地区。

第三章
无脊椎动物

蜗牛和蠕虫

蠕虫是最古老的动物种类之一，但它们是软体动物，所以很少留下化石。

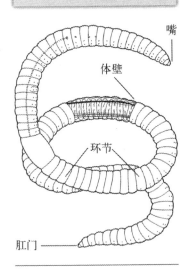

身体构造

蚯蚓由许多环节组成，身体构造非常简单，可它们仍是非常成功的土壤动物。

人们发现过远古时期的蠕虫那柔软的身体留下的痕迹以及它们坚硬的下颚或所居洞穴形成的化石。但是，这些基本上都是海洋蠕虫的遗迹。相比起来，陆生蠕虫成为化石的可能性要小得多。蜗牛这种腹足纲的软体动物出现于5亿年前，但最早的蜗牛实际上是一种海洋生物。最近1亿年来，蜗牛非但没有消亡，种群反而越来越昌盛。蜗牛的外壳很容易形成化石，但绝大多数腹足动物的化石都是在海水中或淡水里形成的，仅有一小部分化石是陆生蜗牛，与我们在花园里常见的蜗牛有亲缘关系。

蚯蚓是我们最熟悉的陆生蠕虫，它们穴居在土壤中，遍及世界各地。蚯蚓的身体是分节的，由很多叫做环节的小环组成，可达200节，甚至更多。这些环节非常相似，不过靠前的环节里有它的嘴巴、心脏以及它小小的"大脑"和生殖器官。大多数蚯蚓的食物是土壤中的植物碎片，或者是地面上腐烂的叶子。蚯蚓经常进行的挖洞和翻搅土壤等活动，能使土壤疏松透气，还能使土壤保持肥沃。同时，它还是很多动物不可或缺的美味佳肴。

还有一种蠕虫比蚯蚓更"常见"，但实际上人们几乎见不到它，这就是蛔虫。蛔虫的身体形态跟蚯蚓大不一样，它们没有环节，体表是一层光滑的硬皮，

身体两端都是尖的,从外表看不出什么特征,很难分辨出头和尾。它们有大有小,大都非常小,甚至要在显微镜下才能看清。有的蛔虫自由自在地生活在土壤中,有的则是作为寄生虫,生活在其他动植物的体内。大多数蛔虫活得非常隐蔽。

蜗牛的身体也是不分节的。蜗牛靠它强健的"腹足"行走,它的腺体可以分泌出具有润滑作用的黏液,以减少身体同地面之间的摩擦。蜗牛的消化系统和其他器官,都藏在它背上的螺旋状硬壳里。在遇到危险时,它就会缩

蛔虫(上图)
这种类型的蛔虫通常生活在植物或其他动物体内,包括人体内。

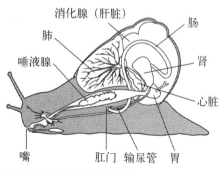

蜗牛
和大部分软体动物一样,蜗牛的内部构造比较复杂(上图),还有一个由碳酸钙构成的外壳(下图)。

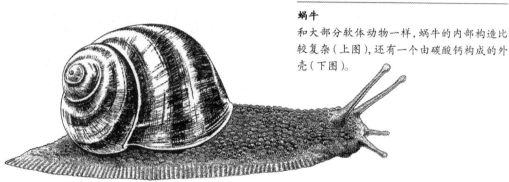

回到这个"小屋"里来,以躲避敌害。蜗牛的感觉器官集中于它的头部。它嘴里有一条锉板一样的舌头,上面排列着许多角质小齿,它就是用这条齿舌来嚼碎植物的。

蜘蛛和蝎子

动物的足迹和洞穴表明,早在4.5亿年前,它们就已经开始陆上生活了。

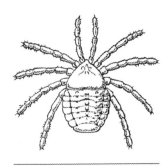

Eotarbus(上图)
这种动物生活在4.15亿年前,是最早的陆地动物之一。

在4.15亿年前形成的最早的动物化石中,就含有一只蝎子和一种体形微小的蛛形纲动物,人们将后者命名为Eotarbus。它并不是真正的蜘蛛,但外形与现在的蜘蛛和螨类非常相似。

它们被发现于苏格兰一个叫做莱尼的地方。大约3.95亿年前,这里有大量的火山泉,泉眼周围长满了原始植物构成的小树林。后来,这一片树林及生活在其中的动物,包括那些螨类和Eotarbus,都变成了化石。在一些化石中,保存着这些动物的书肺,这种折叠式结构与现存的蝎子和一些蜘蛛是相同的。这种用于呼吸空气的书肺,很可能是从它们的水栖祖先那里继承并演化来的。

真正的最早的蜘蛛化石,是在美国东部一处3.75亿年前的岩层中发现的。它长着带毒腺的螯牙和用来纺制蛛丝的纺丝器。可能从那时候起,蜘蛛

捕鸟蜘蛛(右图)
这种6厘米长的蜘蛛能吃小鸟,源自南美洲的巴拿马。

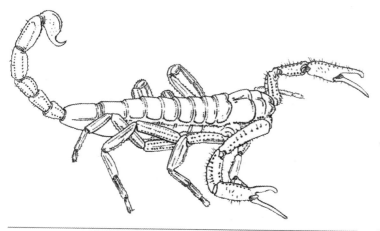

蝎子

蝎子不仅会用钳子捕捉猎物,还可能会用尾巴尖上的毒刺来制服猎物。

拟蝎

这是一种极小的、生活在树叶上的蛛形纲动物。

就已经能纺丝结网了。

蝎子、蜘蛛和螨都是蛛形纲动物。这种动物有八条步足和分节的身体,不过很多蜘蛛的身体分节都不明显。此外,它们有几对靠前的步足变成了头部附肢或螯肢。蝎子的螯肢就是用来捕捉猎物的大钳子。比较原始的蜘蛛长有向下刺的螯牙,现代蜘蛛则长有钳形的螯牙。所有的蜘蛛都会从螯牙中喷射出毒液,这种毒液对于较小的猎物是致命的,不过对人来说就没什么危险了。蝎子也是如此,它们尾巴尖上的刺含有毒液腺,喷出的毒液能杀死小动物,但不会对人类造成威胁。

蜘蛛和蝎子的历史都很悠久,但现存的蝎子却只有1 200种;蜘蛛种类繁多,科学家命名过的就有3.5万多种。

其他的蛛形纲动物包括拟蝎、避日蛛等,还有3万种螨。可能还有更多微小的螨类,悄悄地寄居在其他生物的体表或体内。不过能引起我们格外注意的,主要是那些能使人类、家畜或植物生病的螨。

尘螨

这种生物体形微小,但可能会引起一些人的过敏反应。

千足虫和蜈蚣

　　蜈蚣和千足虫都是非常古老的物种,它们的先祖生活在5亿年前的海洋里。

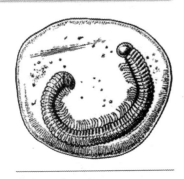

遗迹(上图)
这只远古时期的千足虫被困在琥珀里。

巨型马陆(左图)
这种千足虫生活在3亿年前,
体长2米。

　　在陆地上,4.5亿年前的洞穴化石被认为是千足虫留下的痕迹;4.1亿年前含有植物残骸的小球,则可能是蜈蚣的排泄物。4亿年前的千足虫化石,3.75亿年以前的蜈蚣化石,使它们跻身于我们已知的最早的陆生动物之列。3.15亿年前,千足虫的一种大型近亲,在地面上留下了长达1.8米、宽为50厘米的爬痕,很像现在铁轨的痕迹。

　　千足虫和蜈蚣的身体前端有个特殊的环节,长有口器和感觉器官,这是它们的头部。但头部之后的所有环节极其相似,都长有一对对的步足。刚出生时,它们的身体环节并不多,但环节数会随身体成长而增多,直到它们长成成虫。

　　除少数例外,现有的大约1万种千足虫都是草食动物,以腐烂或将死的植物为食,钻进落叶层里或地下钻洞生活。虽然经过了几百万年的演化,它们还是生活在阴暗潮湿的环境里,皮肤

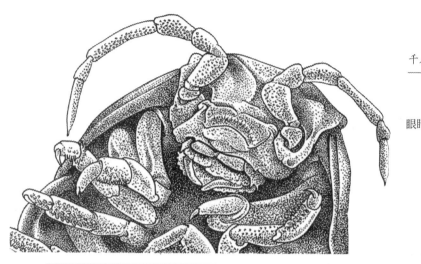

千足虫的头部

眼睛

触须

步足

千足虫头部（上图）
用于细嚼植物残片的口器。

蜈蚣

上还没有形成防水的表层。千
足虫大多长有简单的口器，适
合咀嚼植物碎片，不过有些热
带千足虫可以吸食植物的汁液。
它们眼睛的构造也很简单，让人怀疑它
们能否看到东西。它们的触角是用来触碰或感
知周围物体气息的。许多千足虫在遭到攻击时，
都会从身体侧面喷出难闻或有毒的液体来击退敌
害。尽管它们大都体形较小，不引人注意，但一
些热带千足虫可长达25厘米甚至更长。

蜈蚣是肉食性动物，以昆虫或其他小动物为
食。它们的口器内有毒颚，有些种类对人类产生
的伤害也可能是致命的。最大的热带蜈蚣长达
33厘米，体内的毒液可以轻而易举地杀死蜥蜴和
老鼠。它们借助触须或步足来探测食物。与植
食性的千足虫不同，蜈蚣的步足更长，便于快速
移动以捕杀猎物，千足虫则无须快速移动。现存
的蜈蚣种类大约有2 500种。

知识窗

蜈蚣和千足虫的寿命
长得惊人。蜈蚣能活六年
甚至更长，千足虫能活十
年以上。

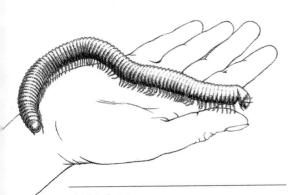

非洲大千足虫
尽管与其他种类相比显得异常庞大，但它实际上是一种无害的植食性动物。

另一个角度
底视图显示，这只千足虫有大量的步足。

无脊椎动物

与蜘蛛、蜈蚣和千足虫一样，昆虫的脚是分节的。足分节的无脊椎动物叫做节肢动物。

椰子蟹
这种蟹长可达30厘米，重可达4千克。

就数量和生活方式的多样性而言，昆虫可以说是陆地上最为成功的节肢动物。大多数昆虫都是飞行高手，但还有几类原始的无翼昆虫只能生活在地面上。也有些昆虫之所以失去了飞行能力，是因为它们生活在植物体内或地下洞穴里，没有飞行的必要，翅膀就退化了。例如，寄居在其他动物体表的跳蚤就不会飞。

陆地上还生活着其他节肢动物，但没有一种能在数量上和昆虫相抗衡。虾和螃蟹之类的甲壳动物在海洋里非常昌盛，有5万种之多，但没有一种是在陆地上生活的。一些螃蟹可以算陆地居民，但它们几乎都住在岸边，每到产卵时就要返回大海。太平洋海岛上的椰子蟹是一种奇特的、引人注目的生物，这种与寄居蟹是近亲的动物，居然能自己爬到树上凿椰子吃！

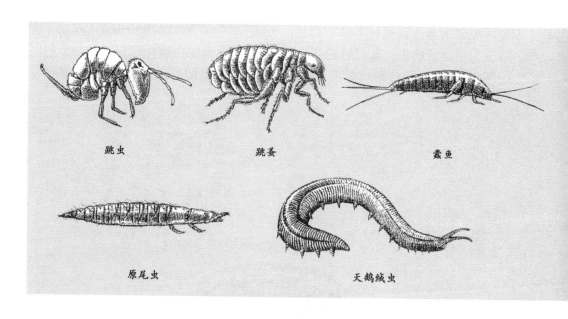

跳虫　　　　　　　跳蚤　　　　　　　蠹鱼

原尾虫　　　　　　　　天鹅绒虫

　　潮虫是一种成功的陆生甲壳动物,它们属于等足目。大多数等
足目动物都是在海水中爬行或游动的,其中最大的一种长达
42厘米,但绝大部分潮虫只能长到1厘米左右。潮虫都
有腮,有些潮虫还长着像昆虫那样的呼吸管道,这
些器官有利于减少呼吸过程中的水分流失。不
过,大部分潮虫都没有防水的体表层,却仍然
生活在阴暗潮湿的地方,晚上才出来活动。
潮虫以死去或活着的植物为食,它们肠内
的细菌可以帮助分解食物。

　　现存仅有80种天鹅绒虫。它们的体
色丰富多彩,有蓝色、绿色和橙色等多种
颜色,还散发着柔和的光泽。它们一般会
避开强光,在夜间活动。天鹅绒虫长度大
都在15厘米以下,它们生活在森林底层
的落叶堆上或其他潮湿的热带环境里,靠
每个体节上的一对步足行走,以捕食小动
物为生。它们的颚部和触角,还保留着类
似昆虫和其他节肢动物的特征,定期蜕皮
的特性也是如此。它们有和昆虫一样的

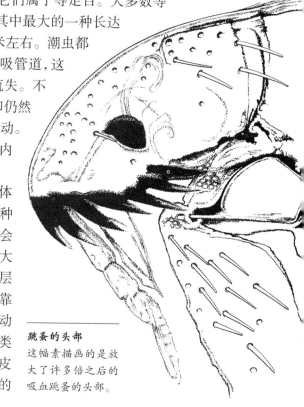

跳蚤的头部
这幅素描画的是放
大了许多倍之后的
吸血跳蚤的头部。

251

呼吸管道和血液循环系统。但另一方面，它们的脚并不是分节的，身体大部分也更像是蠕虫。人们曾经认为，它们是蠕虫向昆虫演化过程中的一个过渡体，但二者之间的确切关系至今还无法断定。早期的天鹅绒虫生活在5亿年前的海洋中。

知识窗

潮虫卵可以直接孵化成小潮虫，而不需要像大多数甲壳动物那样，经历由水栖幼虫到陆栖成虫的过渡阶段。在孵化之前，潮虫卵被保存在母虫体内一个充满液体的"小口袋"里。

第四章

两栖动物和爬行动物

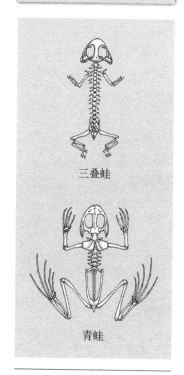

三叠蛙

青蛙

骨架图

青蛙的脊椎非常短，上面三叠蛙的化石就是这种倾向的开端。

青蛙和蟾蜍

青蛙和蟾蜍的颅骨、脑袋和嘴巴相对于身体的比例较大。它们中的大多数，都能在瞬间拉直长长的后腿而跃起。身体短粗，有九条椎骨或更少，没有肋骨，坐骨粗大并与脊椎紧密相连，这些适应性特征都有利于跳跃，它们较短的前腿还起着减震器的作用。青蛙是食肉动物，它们大大的眼睛不仅有助于发现猎物，还有种特殊的功能——通过收缩眼肌、挤压眼球来帮助自己吞咽食物。

已知的最早的类蛙两栖动物是2.2亿年前的三叠蛙。之后，蛙类的外形就和现代蛙一样了。不过，它们可能是到6 500万年前才开始大量繁衍的。现存的青蛙和蟾蜍约有3 500种。它们大小各异，最小的成年蛙只有1厘米长，而西非的霸王蛙可长达35厘米。

一些青蛙和蟾蜍深居在地下洞穴里，另一些则生活在地表；一些是爬树高手，另一些则生活在水中或水边。它们都有着湿润、无鳞的皮肤，这是它们大都生活在潮湿之处并在夜间活动的原因之一。许多蛙类皮肤内的腺体能分泌一种物质来阻止敌害的进攻。有些蛙类的分泌物对其他生物可能是致命的，如巴拿马箭毒蛙。

两栖动物一般都在水中产卵。这些在体外受精的

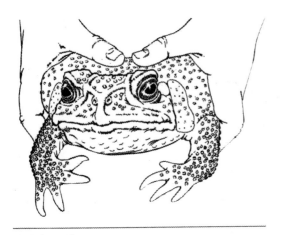

海蟾蜍（上图）

最大的陆生两栖动物之一，是如今澳大利亚一种主要的有害动物。

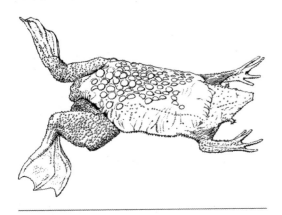

负子蟾（上图）

这种生物完全是水生的。

受精卵，会孵化成有腮的水栖幼体，然后发育成成体，开始在陆地上生活，用肺和皮肤来呼吸空气。有些蛙类一次产卵的数量能达到1万粒，这主要是考虑到在受精卵和蝌蚪形态时期，它们可能会遭受大量损失甚至是全灭。蛙类的繁衍方式可谓千奇百怪，令人叹为观止。有些箭毒蛙先是在潮湿的地面上守卫着它们的受精卵，直到小蝌蚪孵出，再把它们放到背上带入水中。有些蛙类把身体的分泌物击成大量卵泡，并黏附在水面的树枝上，然后把卵寄存在里面，小蝌蚪孵出后就会掉进水里。还有一些蛙类会把受精卵或小蝌蚪放在各式各样的皮肤口袋里。

不可思议的是，有五分之一的蛙类会把卵产在陆地上，这些卵会直接变成小蛙。

世界真奇妙

　　达尔文蛙会把它的卵吞进声囊中。直到小蛙发育成成蛙，它们才会离开这个特殊的"孵化室"。

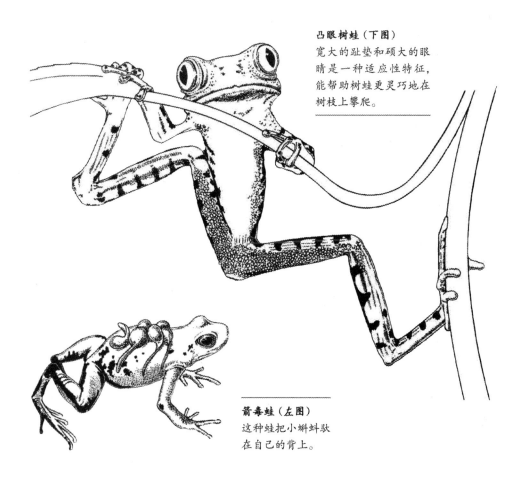

凸眼树蛙（下图）
宽大的趾垫和硕大的眼睛是一种适应性特征，能帮助树蛙更灵巧地在树枝上攀爬。

箭毒蛙（左图）
这种蛙把小蝌蚪驮在自己的背上。

火蜥蜴

总体来说，火蜥蜴与几亿年前最早的四足类动物非常相似。但是，与这些远祖比起来，它们已经发生了很大的变化。

现仅存的350种火蜥蜴几乎都生活在赤道以北的地区，其中在北美洲分布得最为广泛。据说，美国田纳西州火蜥蜴的种类，比整个欧亚大陆上的加起来还多。一些火蜥蜴永久地返回到了水生的生活方式，但大多数还是陆生动物。它们的长度在15厘米左右，以捕食小猎物为生，如昆虫、蠕虫和鼻涕虫等。由于皮肤薄而湿润，它们一般居住

火蜥蜴和蝾螈都是长身体、长尾巴、小脑袋的两栖动物。它们的身体两侧长有两对短足，在爬行时，它们总是把身体从一边扭到另一边。

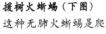

攀树火蜥蜴（下图）
这种无肺火蜥蜴是爬树能手。

捕捉昆虫（右图）
一些火蜥蜴通过弹出长舌头来捕获猎物。

陆生火蜥蜴
这种火蜥蜴生活在地面上或地下洞穴中。

在潮湿的环境中。许多火蜥蜴一生中的大部分时间里都无所事事，无非就是藏在洞穴里或石头和原木下休息。

春天一来，蝾螈就会下水。在那里，它们将完成求偶和交配，随后产下的卵将孵化成小蝾螈。成体蝾螈大部分时间都生活在陆地上。而少数火蜥蜴在潮湿的陆地上产卵，甚至直接产下幼崽。

在陆地上，火蜥蜴和蝾螈通过皮肤、口腔黏膜和肺进行呼吸。对于呼吸空气的动物来说，没有肺可能会被认为是一种缺陷，但在火蜥蜴庞大的家族里，有200种都是完全没有肺的。它们体形大都很小，靠皮肤就可以吸收到足够的氧气。许多火蜥蜴都是技术高超的捕猎者，可以从嘴里弹出长长的舌头来捕获昆虫。

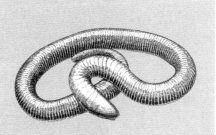

　　蚓螈是一种奇特的两栖动物,既不像
火蜥蜴,也不像蛙类。它们在土壤中穴居,没有四肢,视
觉比较退化,视力非常有限,身上有很多环褶,看起来很像蚯蚓。
它们以蠕虫和昆虫为食,体长在11～70厘米之间。它们的颅骨
非常坚硬,利于挤压、掘穿泥土。它们的生活方式,还有很多不为
人知的方面。

知识窗

　　有些蚓螈的幼体是水生的,有些是
以小型成体的形态孵化出来的,但许多
已知的蚓螈种类都是直接产下幼崽的。
在卵黄耗尽之后,母体可以分泌出一种
特殊的物质来哺育体内的小宝宝们。

早期的爬行动物

　　四足类动物的一类,包括蚓螈和它的近亲,都
生有强壮有力的四肢,能够支撑它们的身体离开
地面。蚓螈体长60厘米,生活在大约2.8亿年前。
它们的某些外形特征与爬行动物非常相似,实际
上也一度被归为爬行动物。但是,它们的颅骨上

　　有些四足类动物从水
中登陆之后,反而更适应
陆地上的生活。

还保留着侧线管,这种结构在鱼类和两栖类动物身上,是用来容纳感知水流运
动的感觉器官的。人们还发现了它们水生幼体的化石,因此,它们还不算是爬
行动物,但很可能经进化后成了某种爬行动物。

接下来的一个重要改变，就是有壳卵的出现，使得爬行动物和似哺乳类爬行动物成为"全职"的陆地居民。这种壳为胚胎搭建了一个独立的小空间，便于它的生长。在有壳卵内，一层薄膜包围着胚胎，不仅起到了保护作用，还有利于它的呼吸。不幸的是，卵化石和皮肤化石都非常稀少，这就意味着，我们要区分爬行动物和非爬行动物的话，就不得不从它们的骨骼，尤其是颅骨开始研究。

被确认的最早的爬行动物，是一种叫做林蜥的小动物，它生活在3.1亿年前如今加拿大新斯科舍省所在的地区。它体长20厘米，外形像蜥蜴，不过两者之间并没有近亲关系。它的头部较小，牙齿小而锋利，便于啮食昆虫。林蜥出现之后，爬行动物迅速进化。其中有些仍保留着较小的体形，有的则进化为庞然大物。大多数都保留着食肉或食虫的习性，还有一些却长出了适于食草的牙齿。

林蜥
这是最早的爬行动物之一。

蜥螈
爬行动物可能是从这种四足类的"早期两栖动物"进化来的。

知识窗

一些盘龙目动物背上长着巨大的背帆，这是脊椎突起极度延展形成的，高可达1.5米。背帆可能的作用是，在侧朝太阳时，它可以帮助它们吸收热量；在角度改变时，又可以帮助它们调节体温。但是，没有背帆的盘龙目动物又是如何吸热或调温的呢？

盘龙目

这些似哺乳类爬行动物既包括植食性动物又包括肉食性动物。肉食性盘龙目动物的颅骨较长,牙齿利于咬合。如异齿龙,它们的前颚生有长长的剑形犬齿。植食性盘龙目动物的短颚上有一丛丛的钉状齿,如杯鼻龙。有些盘龙长达3米以上。这些早期的似哺乳类爬行动物在2.5亿年前灭绝。

杯鼻龙(左图)
它们虽然体重如牛,但只是早期的一种植食性动物。

异齿龙(右图)
这种动物的牙齿很适合捕食猎物。

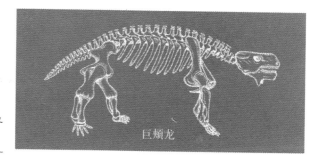

最初的陆地居民
巨颊龙长达2.2米,是陆地上最早的大型植食性动物之一。

巨颊龙

巨颊龙身壮体重,长达2.5米或更长,四肢强健,可以支撑它们的体重。它们和现代的食草蜥蜴一样,长有叶状牙齿。

恐龙的兴起

恐龙生活在2.35亿年前，很可能是从派克鳄这样的小型爬行动物进化而来的。这种身长不过50厘米的肉食性动物的颌槽中长有牙齿，这是恐龙的典型特征。

霸王龙
这是一种大型的肉食性恐龙。对于它的行走速度，科学家目前还没有形成统一的看法。

很快，恐龙成为陆地上占统治地位的大型动物，直到6 500万年前，除鸟类之外的恐龙全部灭绝。这一时期内，很多种类的恐龙不断崛起，继而消亡，很快被新种类取代，又开始新一轮的盛衰兴亡。它们大小各异，体形各异，饮食习性也各不相同，但造成它们种族兴旺的原因却非常简单。恐龙股骨的顶端有个球状突起物，以一定角度伸出，恰好与坐骨上某个关节窝相合，这样就便于它们身体下面的四肢在垂直方向上活动。这样，恐龙在行走或跳动时，四肢就可以轻易地前后摆动。大多数爬行动物的四肢都是从侧面伸出的。

这种改进后的四肢还有利于支撑体重。有些恐龙的体重在陆生动物中可谓空前绝后，有些则个头较小、体态轻便、善于奔跑。早期的恐龙很多都是后肢比

腔骨龙
这是一种早期的、两足行走的恐龙。

腕龙
这是最大的恐龙之一,前肢很长。

知识窗

腕龙长可达27米,重可达80吨,其体重相当于20只成年大象。在很长一段时间里,它都被认为是已知的最大的恐龙。但现在,我们已经发现了更大的恐龙,如阿根廷龙,它可能有35米长,100吨重。梁龙甚至会更长,但没这么重。绝大多数大型恐龙的长度和重量,都是科学家估算出来的。把它们残存的骨头化石与我们更为熟知的动物对比一下,就能估算出来了。

前肢粗大,是名副其实的两足动物。后来,恐龙变得越来越重,就倾向于四肢并用以支撑体重,但有些恐龙仍保留着两足行走的形态。重达6吨的霸王龙是一种硕大的肉食性动物,但它前肢短小,仅靠后肢行走。

大多数科学家都把恐龙划分为两类。第一类是蜥臀目(蜥臀类),已知的最早的恐龙就属于这一类。

蜥臀目包括各种各样的肉食性恐龙和一种主要的植食性恐龙——蜥脚下目。它们体形庞大,颈长尾长,四肢很像象脚,相比之下,头部显得很小。它们用牙齿把植物撕扯下来,然后吞咽到叫做砂囊的胃中,先前被吞下的石头可以把食物磨碎,就和鸟类一样。蜥脚下目包括我们熟悉的梁龙属和迷惑龙属(包括雷龙)。

适于捕食
弯龙及其近亲可能有种特殊的舌头,能把植物直接拖进口腔内。

恐龙的种类

恐龙分为两类：蜥臀目和鸟臀目。

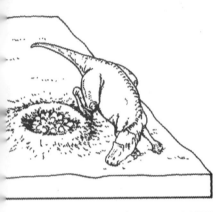

慈母龙（上图）
这种恐龙在具有保护性边缘的泥巢里产卵。

鸟臀目恐龙无一例外的都是植食性动物。在恐龙时代的末期，体形巨大的蜥脚下目在地球上的很多地方都绝迹了，鸟臀目便成为主要的食草动物。鸟臀目包括我们熟悉的剑龙、禽龙、三角龙等。

禽龙是分布最为广泛的恐龙之一，在南美洲、欧洲和亚洲都发现过它们的遗迹。它们的喙里没有牙，但长有臼齿来磨碎食物。温暖的气候和充足的食物有利于种群的大量繁衍。许多植食性动物，从大型的蜥脚下目到三角龙，似乎都是群居生活的，这样更安全。

有些鸭嘴龙能够消化像松针这样粗糙的食物。它们无牙的喙的后部排列着密密的磨牙，新的磨齿不断地从后面长出，取代已经磨碎的牙齿。一只鸭嘴龙可以有2 000颗牙齿，这是脊椎动物可拥有的最高数目。有种鸭嘴龙叫做慈母龙，人们发现了它们的育种化石群，那个泥巢里堆有大量的恐龙蛋和幼体，像小火山口一样。借助于此，科学家了解到大量慈母龙育种方式的信息。

禽龙

有很大数量的鸟臀目恐龙是甲龙。尽管不像其他恐龙那么体形庞大、引人注目，但它们仍非常成功。它们的牙齿细小，很可能是以柔嫩的植物为食。它们最有特色之处，就是身披厚厚的"铠甲"，这可能是它们兴旺发达的原因所在。甲龙背上覆盖着骨板，遍布角刺的骨钉也提供了很好的保护作用。有的甲龙的尾尖上生有骨锤，构成了更具威力的防范武器。

鸟臀目的植食性恐龙便是肉食性恐龙的猎物，后者都属于蜥臀目，包括巨大无比的霸王龙和迅疾如飞的伶盗龙、恐爪龙。恐爪龙身长3米，后脚上长着一对锋利的巨爪。更小的肉食性蜥臀目恐龙则有生活在8 000万年前的蜥鸟龙。它们的头、脑和眼睛都很大，其中大大的眼睛有助于它们在突袭小猎物时判断距离，蜥鸟龙可能是在夜间捕猎的动物。

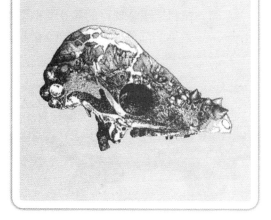

知识窗

厚头龙和它的近亲有着坚硬、厚重的头颅。雄性厚头龙之间可能会像现在的山羊一样相互顶撞头部，进行争斗以争夺雌性。这种厚实的颅骨兼具攻击和保护的作用，但这样一来，就没有给大脑留下多少空间。

剑龙

三角龙

乌龟和喙头蜥

最早的爬行动物,除眼眶和鼻孔外,在颅骨的侧面和顶端都有坚硬的骨头。现存的爬行动物中,只有陆龟和水龟还保留着这种类型的颅骨。

羊膜动物的一支进化成了单颞孔动物(单孔亚纲)。早期的羊膜动物包括爬行动物和似哺乳类爬行动物的祖先。似哺乳类爬行动物如今都已绝迹,但人类和其他哺乳动物正是它们的后代。

大多数爬行动物的头骨侧面都是双颞孔,这不仅使头骨变得更轻,还有利于下颌肌肉的生长。这种有双颞孔的双孔亚纲动物包括许多已经灭绝的物种,如非鸟类恐龙等。蛇和蜥蜴是现存的双孔亚纲动物。

最早的陆龟化石形成于2亿年前,那时的陆龟具有同现代陆龟非常相似的身体构造。关于它们的直系祖先,目前我们了解得不多。

陆龟长有鳞片和类似早期爬行动物的硬壳。它们一般会在沙地里产下有壳卵。陆龟背上的硬壳由两部分组成,外层的角质甲相当于鳞片,内层由真皮增生的骨质板形成,并与脊椎和肋骨融合在一起,构成了坚实的保护壁垒。它们的髋骨和肩胛骨末端都位于肋骨内,而非肋骨外。由于肋骨不能移动,它们

原颚龟(上图)
早在2亿年前,这种动物就已经有了披甲的外壳。

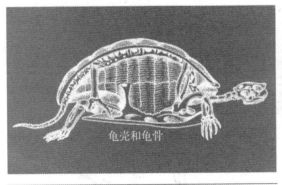

龟壳和龟骨

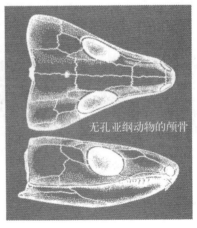

无孔亚纲动物的颅骨

无孔亚纲动物(右图)
无孔亚纲动物不仅缺少眼眶和鼻孔,还缺少颅骨的侧孔。

的肋间肌格外发达，大大增强了肺的呼吸效率。总体来说，陆龟的硬壳起到了很好的保护作用，但同时也限制了它们的灵活性。陆龟没有牙齿，只有角质喙。

陆龟通常都是行动缓慢的食草动物。有些乌龟即使在完全长成后，身体比10厘米也长不了多少，但印度洋群岛和科隆群岛上的巨型陆龟可长达1.4米、重可达250千克。

喙头蜥是2亿年前广为分布的一种双孔亚纲动物唯一的后代，它们现在仅存于新西兰沿岸的海岛上。在长达1.4亿年的演化过程中，喙头蜥几乎没有发生什么变化。它们生活节奏迟缓，非常有趣。小蜥可能要花15个月才能从卵中孵出。在大多数爬行动物都无法忍受的低温环境中，它们却仍然可以保持活跃。

喙头蜥
这种生物如今只生活在几个小岛上。

知识窗

　　喙头蜥能活到100岁。希腊陆龟和箱龟也能活到100岁以上。有只亚达伯拉象龟在它大约50岁时，被带到了毛里求斯岛，在那里，它又活了152年。

亚达伯拉象龟
这种巨龟仅生活在那些没有什么陆生天敌的岛上。

蜥　蜴

现存最大的蜥蜴是印度尼西亚的科莫多巨蜥，长达3米；最小的是西印度群岛上的一种壁虎，只有1.8厘米。蜥蜴的典型特征是长尾巴、长身子，四肢平铺在体侧。很多蜥蜴在受到攻击时，会自行将尾巴挣断，断尾在短时间内还能继续跳动，从而吸引敌方注意，蜥蜴可以趁机迅速逃走。不久之后，它们又能长出一条新尾巴。

蜥蜴的视觉和色觉大都很好。它们的耳朵位于脑袋侧面的小洞里。舌头是另一种用来感知、探测周围环境的重要器官。蜥蜴的口腔顶壁上有种化学感受器，叫做犁鼻器，它对于舌尖上沾到的外界的化学物质非常敏感。蜥蜴的鳞片形态各样，从柔软皮肤上的微粒状斑点到相互交叠的粗糙板壳，不一而足。还有些蜥蜴，如刺尾飞蜥，鳞片演化成为用于防卫的脊刺，十分锋利。

"品尝"空气
科莫多巨蜥用它分叉的长舌头来"品尝"空气，以捕捉空气中的温度、湿度等信息。

蜥蜴是从2亿年前进化来的。现存有3 500种蜥蜴，它们生活在世界各地的温暖之处，大都体形较小。

威胁的姿势
澳大利亚的伞蜥，可以通过张开它的伞状皮膜来威胁它潜在的敌害。

科莫多巨蜥出壳
大多数蜥蜴是卵生的，如科莫多巨蜥。

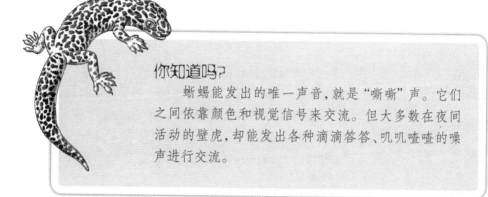

　　大多数蜥蜴以昆虫或其他动物为食，也有几种是以植物为食的，如美洲鬣蜥。蜥蜴的体形和适应性特征也是多种多样的。巨蜥蜴大都身形庞大，脖子较长，身体很短，腿爪非常强健，是极为强大的食肉动物。处于另一个极端的是皮肤光滑、富有光泽但没有腿脚的蛇蜥。

　　美洲鬣蜥善于攀缘。它们的长脚趾和脚爪有助于抓握树枝，长长的尾巴有助于保持身体平衡。

　　有些蜥蜴更是攀缘专家。变色龙的四肢均有两趾与三趾相对而握，适应于抓牢树枝。此外，它的尾巴也可以缠绕树枝。它们常常在树上缓慢爬行以跟踪猎物，然后突然射出附有黏液的长舌头，来粘捕昆虫。变色龙的舌头可伸出到和它的体长差不多的长度。

　　壁虎的脚趾内有很多皱褶，皱褶上有许多微小的突起，如此就能攀住玻璃这样的表面。它们可以飞檐走壁，可以倒挂在天花板上，至于攀爬树和岩石，则更是轻而易举。

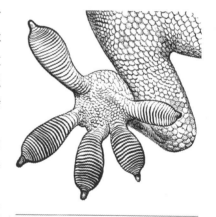

闭合（上图）
在壁虎紧贴着玻璃表面时，它趾内的皱褶能看得一清二楚。

变色龙（右图）
这种动物能改变体色和形状以适应环境，并因此广为人知。

蛇 类

蛇有将近2 500个种,是种群相当繁盛的现代动物。蛇没有四肢,但一些较"原始"的种类,如巨蟒,还长有很小的后肢残迹。

蛇的身体十分细长,因此只长有一个肺。蛇的其他内脏也都非常窄长,像它的两个肾,就是前后挨着放在一起的。从体形来看,蛇的生活会受到很多限制,但实际上它能在各种各样的环境里生存。有些生活在干燥的地面上,有些居住在地下巢穴里,还有的蛇把自己缠绕在树上。

蛇的颚部和颅骨都极其柔软,嘴巴可以张得非常大。甚至在吞进猎物之后,它的两半下颌骨还可以在猎物身周来回"游走"。这种能一次吞咽大量食物的本领,弥补了它没有四肢的短处。在两次进食之间,蛇可以等候很长时间。像蜥蜴一样,它们会周期性地蜕皮,而且经常是整个外皮完全蜕去,换上一层亮丽光鲜的新外皮。

最早的蛇是1.3亿年前由蜥蜴进化而来的,它们可能是大型的蟒。进化后,一些蛇能分泌毒液,以制服猎物。蟒和蚺没有毒液,它们捉住猎物后,会盘起身子将它缠紧,最终使猎物窒息身亡。包括水游蛇在内的较大型的科均是如此。有些水游蛇会将猎物缠挤致死,不过更多的则是直接吞咽捕获的青蛙或小型哺乳动物。

有些蛇在口腔后部长有毒牙,毒牙附近有张开的毒腺,蛇咬住猎物后,毒液便可将其麻醉。大多数具有后毒牙的蛇都不会对人类造成危害。但眼镜蛇及其近亲长有较大的毒腺,与它们前颚的短牙相连,毒液可沿毒牙上的沟槽流入猎物体内,并麻痹它的神经系统。

黑曼巴蛇(上图)
这种非洲蛇行动迅疾,属于眼镜蛇属。

丰盛的大餐
巨蟒能吞下像鹿那么大的动物。

印度眼镜蛇

在遇到危险时，印度眼镜蛇的颈部皮肤会胀成扁宽的头巾状。

蝰蛇的颅骨（左图）

该颅骨显示了蝰蛇特有的折叠状毒牙。

蝰蛇和响尾蛇也有前毒牙，但它们要长得多。这些毒牙平时是折起来向后倒放在口中的，会在蛇张口时随上颌骨张开而伸出。它们会像皮下注射器一样，把毒液注射进猎物体内，从而对猎物的血液和肌肉造成损害。

世界真奇妙

响尾蛇和蝮蛇都具有一种特殊的感官。它们脸颊两侧有种叫做颊窝的感热器官，能够使它们觉察到四周的热量。这让它们即使在黑暗中，也能准确无误地向附近的温血动物发起进攻，并成功地捕捉到猎物。

响尾蛇的响声（下图）

响尾蛇之所以能发出响声，是因为它的尾部末端有一串角状的响环。

第五章

哺乳动物

最早的哺乳动物

和最终进化为哺乳动物的似哺乳类爬行动物一样，爬行动物是最早出现的广为分布的陆生脊椎动物。在将近1亿年的时间里，一代又一代的爬行动物相继统治着地球。

2.5亿年前，地球上发生了一次大灭绝，一些似哺乳类爬行动物幸存了下来，这其中包括犬齿兽。2.15亿年前，它们逐渐演化成最早的哺乳动物。然而此时，在陆地上占有绝对统治地位的是恐龙。哺乳动物与它们共生共存，但相比起来，是那么的无足轻重。直到后来，非鸟类恐龙全部灭绝，这种情况才有所改变。

从爬行动物向哺乳动物的转变并不是一蹴而就的。犬齿兽在体形上更像是狼一类的动物，后来经历了几百万年的演

犬颌兽

这种兽孔目的似哺乳类爬行动物，很可能长有皮毛和胡须。

化,它们才开始具备哺乳动物的典型特征。下表中列出了爬行动物与哺乳动物一些特征上的主要区别。

以乳汁哺育后代或体表覆有毛发等特征,是无法在远古动物的化石中显示出来的。但是,随后的犬齿兽的颅骨化石表明,它们口鼻部的凹槽和孔眼,可能就是胡须生长之处,它们多肉的唇部则可能含有大量血管。

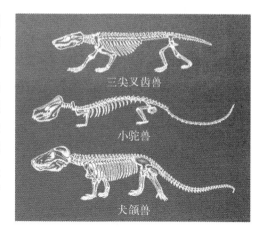

三尖叉齿兽

小驼兽

犬颌兽

爬行动物	哺乳动物
胸腹之间没有肌性膈膜	肌性隔膜有助呼吸
肋骨纵贯全体	长肋骨仅存于胸部
四肢向体侧伸出	四肢向身体下方伸出
颚内牙齿相似	颚内不同部位的牙齿不同
齿形简单	齿形和齿根复杂
内耳单骨	内耳有三块听小骨
下颌多骨	下颌单骨
产有壳卵	直接产下幼崽
不哺育后代	母体分泌乳汁来哺育后代
皮肤上覆有鳞片	体表覆有毛发

早期的似哺乳类爬行动物和爬行动物有许多共同特征,但哺乳动物和爬行动物之间区别较大。例如,爬行动物的头部有两块骨头,是构成它们下颌的部分,但在哺乳动物身上,则变成了极小的耳中骨。我们可以依据内耳有三块听小骨这一点,把一块化石确认为哺乳动物。在哺乳动物的化石及胚胎的形成过程中,我们能发现这种变化。

我们几乎可以肯定的是，那种体表覆有一层毛发并具有横膈膜以提高呼吸效率的动物，都是温血动物。但是，早期的哺乳动物可能并不像今天的大多数哺乳动物一样，具有较高的、恒定的体温。

哺乳动物在四肢进化之后，动作更加敏捷。但这之后有种进化趋势：它们变得越来越小、越来越轻。

产卵的哺乳动物

2亿年前的原始哺乳动物体形很小，如摩尔根兽，它们和恐龙共同生活在地球上。在这之后的哺乳动物的进化历史，我们就知之甚少了。很小的哺乳动物是很难形成化石的，有时只有它们身上最坚硬的部位才会遗留下来，比如牙齿。

在世界上某些地方，我们可以筛分、过滤泥土，从中析取哺乳动物细小的牙齿。牙齿反映出的一些基本情况，可以启发我们对这种动物生活方式的推断。但如果没有其他的骨头化石，就很难确定哺乳动物的进化方式，我们也无从得知，这些哺乳动物是直接产下幼崽，还是产卵孵蛋。

与恐龙共存过的"哺乳动物"，有六七个种类。其中已知的最大一种是多瘤齿兽目。它们的牙齿上长有小瘤，或者说小的突起，它们还长有大大的前门牙和强健有力的颚部。它们的生活方式可能跟今天的啮齿动物相似，不过两者之间并没有什么亲缘关系。有些多瘤齿兽目的动物能长到土拨鼠那么大，在当时的哺乳动物里算得上是巨大了。恐龙灭绝

摩尔根兽
和早期的许多小哺乳动物一样，这种动物以昆虫为食。

之后，它们又存活了几百万年，但现在也全部灭绝了。现存的三类哺乳动物是单孔目、有袋类和胎盘动物。

单孔目动物都是卵生的。只有两种单孔目动物存活至今，即鸭嘴兽和针鼹。它们在保留了原始特征的同时，都发生了特化。针鼹的背部有脊柱，颚内无牙，长长的舌头上附有黏液，可以卷食蚂蚁和白蚁。它脚爪发达，是个掘洞能手。它主要在夜间活动，白天也较为活跃。鸭嘴兽则以在水中捕食猎物为生。

针鼹
针鼹是现存产卵的哺乳动物之一。

与大多数哺乳动物相比，单孔目动物能量消耗比较慢，体温比较低。当幼崽从小小的革质卵中孵出时，它们还非常弱小，发育很不完全。雌兽以乳汁哺育幼崽，但它没有专门的乳头。开口的乳腺位于腹部，乳汁顺着腹毛流出，供幼崽吸吮。

知识窗

现在单孔目动物只生活在澳大利亚地区。过去，对于它们几百万年前的演化历史，人们一无所知，直到近年来发现了它们的化石，才有所了解。硬齿鸭嘴兽是1.1亿年前生活在澳大利亚的单孔目动物。我们根据一块长有牙齿的颚部化石推断出它的存在。现代的单孔目动物成体并没有

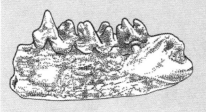

牙齿，那么科学家又是怎么知道，这块化石所属的物种呢？答案在于，其实小鸭嘴兽是有乳齿的，硬齿鸭嘴兽的牙齿与此类似。我们还发现了其他的鸭嘴兽化石和大型针鼹的化石。在南美洲，就发现了一块鸭嘴兽化石。

适于捕食
鸭嘴兽的喙上有一层敏感的皮肤，能帮助它们找到食物。

古代的有袋动物

有袋动物的幼崽在出生时，发育还很不完全。许多有袋动物都有一个特别的口袋，叫做育儿袋。幼崽就住在里面，衔着乳头吮吸乳汁，直到长大。

一些有袋动物没有育儿袋，幼崽只能衔着妈妈的乳头，随之四处走动。它们再长大一点的话，可能会骑在妈妈背上。一提到有袋动物，人们首先想到的就是袋鼠，但实际上袋鼠种类繁多，而且有着漫长的演化历史。除一种袋鼠外，它们如今仅生活在澳大利亚地区和南美洲。

在北美洲发现的7 500万年前的一处化石，是已知的最早的有袋动物。它们一度从北美洲扩散到欧洲，但并没有在那里大量繁衍。即使在北美洲，它们也于2 000万年前灭绝。从那之后，北半球就没有我们已知的有袋动物了。不过，曾有一部分早期的有袋动物成功地迁居到了南美洲。当时，南美洲和南极洲、澳大利亚是联结在一起的一整块大陆，叫做冈瓦纳古陆，有袋动物遍布整个大陆。但是，那时的冈瓦纳古陆正处于分裂之中。先是4 500万年前，澳大利亚脱离开来，慢慢向北漂流；3 000万年前，南美洲又和南极洲分离，也向北方漂移。后来，全球气候变冷，南极洲成为冰冻大陆。然而就在那里，人们发现了4 000万年前的有袋动物化石，表明它们曾经在这块大陆上繁衍生息过。

袋剑虎
这是一种肉食性的有袋动物，长有马刀齿，体形和美洲虎差不多。

新疣兽（右图）
这种澳大利亚的动物和牛一样大，是一种植食性动物。

袋貘（左图）
这种动物的主要特征，就是长有一个短象鼻。

双门齿兽（右图）
这种体形硕大的动物很像袋熊。它们生活在干旱的草原上，食草为生。

从共同的原始祖先开始，有袋动物在相互隔绝的南美洲和澳大利亚，进化成了不同的种类。如今居留在澳大利亚的那一支极为分化，种类很多，但在体形上都不如红袋鼠大。南美洲现存的有袋动物，大都比一只大老鼠还小。但情况原来不是这样的。2 500万年前，南美洲的肉食性有袋动物比当地的豹还大。那时的南美袋犬是非常凶猛的野兽，而袋剑虎这种有袋动物，则早在马刀齿猫科动物出现之前，就已经具有马刀齿了。

知识窗

澳大利亚大陆上曾经生活着一种庞大的有袋动物。这种巨型短面袋鼠属于双门齿兽属，是植食性的四足类动物。它们高达3米，像犀牛一般大小，是我们已知的最大的有袋动物。值得特别说明的是，它们并非生活在几百万年前，而是几千年前！

巨型短面袋鼠
这种动物生活在几千年前的澳大利亚，是已知最大的袋鼠。

近年来，人们挖掘、研究了5 500万年前的澳大利亚化石层，发现了很多有袋动物化石。其中，包括一种小动物，它所属的科曾被认为仅存于南美洲，还包括一只古代袋狸、一些食虫动物和其他一些奇特的物种。

食肉有袋动物

南美洲有80多种负鼠，它们大多数以昆虫或其他小动物为主食，此外还会吃一些水果和植物当"点心"。绝大部分负鼠都像老鼠一般大小，有些大点的则像猫一样。负鼠大都是爬树能手，双目前视，视力良好。

人们可能会认为，有袋动物是一种"失败"的物种。事实则恰恰相反，它们种类繁多，家族兴旺。有种有袋动物已经在北美洲安家落户，最北迁到了加拿大。这就是北美负鼠，它们一窝能产下56只小鼠。

澳大利亚现存70多种食肉有袋动物，分属于不同的科。其中最大的科当属袋鼬科，大多数老鼠大小的有袋动物都属于该科。袋鼬是凶猛的掠食动物，蝗虫和小蜥蜴都是它的盘中美食。有一支体形更大的属，大小和猫差不多，以捕食昆虫和小型脊椎动物为生。最大的袋鼬叫袋獾，即"塔斯马尼亚魔鬼"，它长达80厘米，还有一条30厘米的长尾巴。虽然可以捕捉到较大的猎物，它却经常以

北美负鼠
这种有袋动物把幼崽背在背上。

动物尸体为食。它用利齿来咬碎尸骨，并吞食大块腐肉。袋狸属于另一科的食肉动物，它的外形与兔相似，以昆虫为主食。

　　袋食蚁兽专吃白蚁。这种身长25厘米、尾长18厘米的动物，常常用它那细长的、附有黏液的舌头舔食白蚁。袋食蚁兽有52颗牙齿，比大多数陆生哺乳动物都多。

　　一些有袋动物的外形和动作与非有袋动物很相似。如袋鼹，是一种脚爪强健、皮毛光滑的动物，喜欢掘洞以挖食昆虫幼虫。尽管存在着细微的差别，但总体来说，袋鼹和真正的鼹鼠惊人的相似。

袋食蚁兽
这种动物是食虫专家。

蓬尾袋鼬
这种看起来像老鼠的动物可是个掠食者。

袋獾
这种动物的主要特征是它有一口凶猛锋利的牙齿。

世界真奇妙
　　一些袋狸的妊娠期不足13天，在哺乳动物中是最短的。和许多有袋动物一样，小袋狸会爬进妈妈向后张开的育儿袋里。

袋狸
这种动物有时会用它的长鼻子在土壤中挖洞，找小昆虫吃。

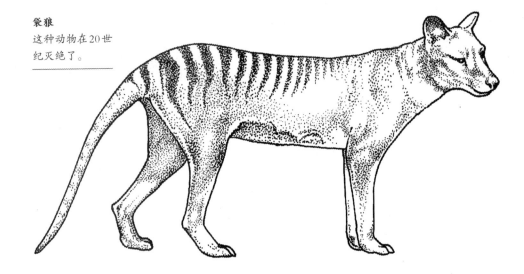

袋狼

这种动物在20世纪灭绝了。

袋狼,又称"塔斯马尼亚狼",是物种趋同的典型例子。它的体形似狗,善于长途奔跑,以追捕小袋鼠等猎物。但是,当地移民认为它会捕食牧场的绵羊,于是对它进行大量猎杀,最终造成这种动物的彻底灭绝。最后一只袋狼于1936年死于塔斯马尼亚岛上的动物园。

食草有袋动物

澳大利亚地区居住着100多种食草有袋动物,其中一半左右是不同种类的袋鼠。与前颚长有很多门牙的食肉有袋动物不同,食草有袋动物只在下颚上长了两颗门牙。

袋鼠长有发达的育儿袋,这里可是幼袋鼠的天堂。它们一出生就自行爬到育儿袋里,直到长成能自由活动的大袋鼠。有趣的是,育儿袋里会有刚出生的、极小的幼崽衔住母亲的乳头,同时还可能有已经长成的幼袋鼠,钻进来以寻求保护。母袋鼠不同的乳头会分泌出不同的乳汁,供它们分别吮吸。在袋鼠交配之后不久,雌兽体内的受精卵会停止发育,直到袋中幼崽发育成熟,并离开育儿袋,或者幼袋鼠因体质不佳而夭折。育儿袋空出来的时候,才会继续发育。

红袋鼠是现存有袋动物中体形最大的一种,身高达1.65米,尾巴长达1米。它每次跳跃的距离可达9米,时速近50千米/小时。最小的袋鼠是鼠袋鼠,身长只有25厘米，尾巴长15厘米。袋鼠一般在傍晚和夜间最为活跃，大多数食草为生，较小的种类还会吃草根。与绵羊相似，植物在它们的胃里会经历一系列的细菌发酵过程，才会被消化。不同种类的袋鼠栖息于不同的生活环境。

负鼠和袋貂跟猫的大小差不多，以树叶为主食，爬树本领高超。袋貂主要生活在新几内亚岛，尾巴善于缠绕树枝。

刷尾负鼠可以生活在很多不同的环境中。不过，在花园里，它可是一种有害的动物。体形中等的环尾袋貂也是攀缘高手，它们脚爪有力，脚趾对生，利于抓握。它们以树叶为食，更大的盲肠有助于消化食物。

照料小袋鼠（右图）
出生之后，幼袋鼠会在妈妈的育儿袋里住上几个月。

袋熊（左图）
这种动物以擅长掘洞而为人所知。

蜜袋貂
这是最小的有袋动物之一。

袋貂
这种动物生有卷曲的尾巴，在必要时可以缠住树枝。

树袋熊专吃桉树叶。桉树叶非常坚韧,并含有毒油,但树袋熊的肠胃却能将其消化。树袋熊爬树时头部朝上,但它的育儿袋却是向后张开的。

其他一些小负鼠以树脂或花蜜为食。蜜袋貂体重仅为10克,生有长吻长舌,舌尖上还有刺毛,便于舔食花蜜。

袋熊是种身体偏重的穴居动物,以坚韧的低等草类及草根为食,一般在夜间活动。

原始的胎盘动物

现代典型的哺乳动物,小到老鼠,大到虎、熊、象,都是胎盘动物。

野兔的胚胎
胚胎通过一种叫做胎盘的盘状组织与母体相连。

胎盘动物大都是在欧洲、亚洲、非洲、北美洲发现的,甚至在南美洲也发现了它们的踪迹。但是在澳大利亚地区,较晚期的代表性动物群系是翼手目的蝙蝠和啮齿目动物,胎盘动物仅是次要的物种。

对此,一般的解释是,胎盘动物无法"漂洋过海"来到澳大利亚,因而无法取代当地土著的原始有袋动物。但是,20世纪90年代在澳大利亚出土的哺乳动物颚部化石却表明,1.15亿年前,原始的胎盘动物曾在这里生活。5 500万年前的澳大利亚已经独立成与其他大陆隔绝的大陆,在属于那个地质时代的化石层里,人们发现了一种踝节目的原始胎盘动物的遗迹。然而,在2 500万年前的化石层里,就只有大量有袋动物的化石,而不见有胎盘动物的踪迹了。或许我们应该这样修正上面的说法:澳大利亚大陆上早期的胎盘动物是被有袋动物所取代的。

胎盘动物生育后代的方式相比其他种类要更为高级。胎儿通过胎盘与母体的子宫相连,这种混合性的盘状组织可以从母体吸纳营养物质,继而通过脐带将营养传送给胎儿。胎儿可能要在子宫里待很长时间,例如,人类是怀胎九月,而大象则要一年以上。与有袋动物的幼崽相比,胎盘动物的初生幼儿要大一些,发育也更加完全。

当然,初生幼儿的情况依动物的种类、习性而异。小羚羊一落地就会站立,甚至奔跑。有巢穴的动物,像老鼠或熊,生下的幼崽则非常弱小,通体无毛,睁不开眼睛。

除繁殖方式外,胎盘动物和有袋动物在骨骼结构等其他方面,都存在着很大差异。

重褶齿猬(上图)
这是一种早期的胎盘动物,以昆虫为食,体长仅有20厘米。

● 单孔目动物的分布图

● 有袋动物的分布图

● 有胎盘哺乳动物的分布图

知识窗
　　以前,我们只能通过胎盘动物的牙齿化石,来推断它们8 000万年以前的历史。后来,在2000年,中国境内发现了一处1.25亿年前的化石湖床,这里除了恐龙化石以外,还挖掘出一块哺乳动物化石。这块化石骨架保存完好,皮毛

和炭化的内脏软组织也清晰可见。这只动物被命名为始祖兽。它的牙齿和踝骨表明，它是我们已知最早的"有胎盘"的哺乳动物。但其实，我们并不知道这种动物到底有无胎盘，它只有13厘米长，臀部看起来很小，不能生出较大的幼兽。也许它是像有袋动物那样生育后代的。它善于攀缘，以昆虫为食。

始祖兽
这是最早的胎盘动物。

食虫动物

至今世界各地仍有许多小型哺乳动物像早期的胎盘动物一样，以虫为食。它们共同的体形特征是，生有长鼻和很多利齿，四肢短小，脚有五趾。它们的大脑一般都不大。

大耳猬
这种动物生活在西亚地区的沙漠及草原上。

尽管都属于食虫动物，但不同种类的食虫动物并不一定是近亲。例如，非洲马达加斯加岛上的马岛猬外表看起来很像刺猬，但生物分子学研究和其他证据表明，它们其实分属于不同的族系，有着不同的先祖。

鼩鼱是一种广为分布的动物，有着5 000万年以上的历史。它们体形纤小，性情凶残，十分活跃，经常在落叶层和地表洞穴里穿行，以捕食小猎物为生。鼩鼱大都喜欢独栖，经常把同类赶出自己的猎场。它们需要日夜进食，以补偿身体热量的损失，有时一天24小时都在狼吞虎咽。

刺猬生活在非洲、欧洲和亚洲。它们身上长满了硬刺，一些刺猬如果受到惊吓的话，会紧缩成球状，以保护自己。鼹鼠

鼹鼠（左图）和星鼻鼹（右图）
鼹鼠以捕食蠕虫为生，有时它会一口咬住猎物，让它动弹不得。星鼻鼹的星状鼻对电流刺激非常敏感。

穴居在地下，经常在地道里跑来跑去，捕食蠕虫。它们呈钝形的头部、平滑的皮毛、锹状的前爪和强健有力的肌肉，都有助于挖地洞。鼹鼠生活在南美洲、欧洲和亚洲，它多肉、多须的鼻子是非常敏锐的感觉器官。星鼻鼹的鼻子则散开成为肉质的星状物。

非洲的一个鼹鼠分支，叫金毛鼹，也有着同样的适应性特征。它们看起来很像袋鼹，但没什么亲缘关系。这两种动物的生活方式相似，因而外形也相似，是又一个物种趋同的例子。金毛鼹的眼睛已经退化了，它的小耳朵深藏在毛发中。鼻子上长着革质垫，有助于推开

沟齿鼩
这种动物用它的长鼻来掘洞，在土壤或腐木中寻找食物。

斑纹马岛猬（上图）
一旦受到惊吓，这种动物脖子上的刺就会竖起。

挡路的泥土。

尽管非洲大陆上曾发现过 2 500 万年前的马岛猬化石，但它们现在仅存于马达加斯加岛。马岛猬有很多不同的种类，有的外形像鼩鼱，有的外形像刺猬，还有的看起来什么动物都不像。它们以捕食各种昆虫和其他小动物为生。

沟齿鼩现仅存于古巴和海地，是曾在北美洲广为分布的一类动物的"遗孤"。它们长约 30 厘米，触觉和嗅觉灵敏，一般在夜间活动。它们的臭腺相当发达，并且和某些鼩鼱一样，它们的唾液是有毒的。

贫齿目动物

贫齿目动物是指牙齿较少或没有牙齿的动物，基本上属于南美洲的固有类型，包括食蚁兽、犰狳和树懒等。但实际上，只有食蚁兽是真正没有牙齿的。

大食蚁兽生活在地面上。它的脚爪粗壮有力，可用来挖掘蚁巢；舌长而富有黏液，适于舐食蚂蚁，一天能吃掉 3.5 万只蚂蚁。它吻部尖长，但颚内无牙。小食蚁兽体形较小，栖于树上，常在树间攀缘，以搜寻白蚁的巢穴。它的尾巴可以缠绕在树枝上，像侏食蚁兽一样。侏食蚁兽是食蚁兽科中体形最小的一种，全身长不过 23 厘米。这几种食蚁兽的脚爪都很发达，可以捣毁蚁巢或用于抵御敌害。

犰狳的背部覆有骨质鳞甲形式的保护性盾板。在面临敌害时，一些犰狳会蜷缩成披甲的圆球，但大多数种类都是迅速掘洞并躲藏于洞中，有时还会用自己的背甲挡住洞口。它们经常在土里掘食，食物包括昆虫等其他小动物以及腐肉、水果和草根。犰狳体形各异，小的如倭犰狳只有 13 厘米，大的如巨犰狳长达 1 米。几百万年前，南美洲还生活着一种 3 米长的食草巨犰狳。300 万年前，南、北美洲联结后，一些巨犰狳曾向北迁移，但现在它们都已经绝迹了。

树懒适应于树栖生活，一生都靠它钩状的大爪倒挂在树枝上。它们行动迟缓，以树叶和嫩芽为食。树

小食蚁兽

小食蚁兽的长嘴巴里没有牙齿，只有一条附有黏液的长舌头。

懒那带有小槽的体毛上,常常积附着大量藻类植物,使它的外表呈现绿色,从而提供了极佳的伪装效果。树懒的一切行动都是慢吞吞的,但这种动物却异常兴旺,往往在当地森林哺乳动物居民中占有"重要席位"。它们的体温比一般的哺乳动物要低,也更易于调节。目前在化石记录中,还没有发现树懒的遗迹。但有证据表明,体大如象的巨型地懒曾是当地的重要动物种类,在某些地方,它们甚至一度与早期人类共存。

树懒(上图)
树懒长年把身体倒挂在树枝上。

知识窗

生物学家认为,贫齿目动物起源于南美洲,并定居在那里,只有少数后代在近代迁入了北美洲。在德国发现的形似小食蚁兽的食蚁动物化石,目前暂不被视为贫齿目动物。

披毛犰狳
这种动物安居在空旷地带,有时会被人们猎食。

大地懒
历史上最大的地懒长达6米。除骨头化石之外,人们还发现了它们的皮肤化石。

灵长目动物

灵长目包括人类、猿、猴子、婴猴和懒猴。

正因为人类本身属于灵长目,我们便乐于认为这个物种更高等一些,但就某些方面而言,这种想法非常落后。例如,并非所有灵长目动物都有较大的大脑。它们的五指和五趾,也大多是从最早的哺乳动物那儿继承来的。就整个物种来说,灵长目是善于攀缘的树栖动物。而我们的祖先开始了地面生活,适应地面对于它们发展智力和应对环境来说,是非常有利的。

灵长目的五指和五趾有助于抓握树枝。很多灵长目动物,尖利的爪子已经进化成为附于肉质指尖的扁平指(趾)甲,便于抓紧树枝。它们的拇指和大脚趾可以与其他手指和足趾对握,进一步增强了抓握能力。一些较"低等"的灵长目动物具有灵敏的嗅觉。但总体来说,视觉才是灵长目的第一官能。它们双眼前视,可以产生重叠影像,这样在攀缘或跳跃时便可对距离作出判断。灵长目都是社会性动物,尤其是猴子和猿,它们成群地生活在一起,过着群居生活,彼此间通过声音和手势进行交流。

蜂猴

这种动物产自南亚地区,是一种行动迟缓的夜行性树栖动物。

与大多数森林动物一样,灵长目化石很稀有。偶然发现的化石可以让我们推断出 5 500 万年前灵长目动物的情况。最早的较成功的灵长目动物是狐猴,好几个大陆都发现了它们的化石。但它们现在仅存于马达加斯加岛,大多数狐猴科动物都是树栖动物,善于攀缘和跳跃。

猴子主要有两个种类,它们的祖先在很早之前就分化了。南美洲的猴子鼻孔间距较宽,尾巴具有缠绕性,全部是树栖动物。

环尾狐猴

这种动物的长尾巴起着保持平衡和发送信号的作用。

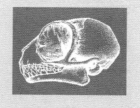

蜘蛛猴(上图)
这种美洲猴的尾巴能够缠绕在树枝上。

　　非洲和亚洲的猴子鼻孔较窄,这点和人类很相似。其中的树上居民尾巴很长,但只用于保持平衡,而不能缠绕树枝。其他的种类,如狒狒,则生活在空旷的地面上。有些猴子只吃特定的食物,如疣猴,专以树叶为食。但更多的猴子是杂食性的,水果、嫩芽、昆虫,都来者不拒、大小通吃。

　　长臂猿是体形最小的猿类。它们像其他猿类一样,没有尾巴,靠修长的双臂在东南亚丛林中荡来荡去,以啸声来传递信息。一些猩猩生活在印度尼西亚的婆罗洲岛和苏门答腊岛上,它们个大体重,

大猩猩
这是所有灵长目动物中最大的一种。

但善于攀缘。和非洲中部的大猩猩一样，它们大都是素食动物。仅有的两种黑猩猩都来自非洲，很可能是与我们亲缘关系最近的物种。

兔类和啮齿目动物

尽管兔类同老鼠等啮齿目动物有相似之处，它们却是从不同的祖先进化而来的。最近的遗传学证据表明，在较早的时期，这两类动物同属于哺乳动物中的一个主要分支，这一分支中还包括了我们人类的祖先——灵长目动物。

早期的啮齿目动物生活在5 500万年前，看起来很像小松鼠。到2 500万年前时，我们现在所知的主要种类，基本上都已经进化。不过当今最为成功的啮齿目动物——鼠类，却直到700万年前才出现。兔类的历史也很久远，可追溯到5 500万年以前。

兔类和啮齿目动物都长有专门的牙齿，来对付难以咀嚼的食物。它们前颚的门齿用于啃食坚硬的树皮或种皮，会不断磨短，并持续长出。它们没有犬齿，在颚部留有一个可用唇部封住的空隙，颊部有力的复齿可以将食物磨碎。兔类的上下颌均有一对门齿，而啮齿目动物只有一对，这一特征可以将两者区分开来。

兔类在各大陆都有分布，甚至包括澳大利亚。不过，澳大利亚的兔类是自欧洲人为引进的，不幸泛滥成灾，给澳大利亚当地的生态带来了巨大的损失。兔类共有44种，其中最大的是欧洲野兔，头部和身体总长75厘米，体重达5公斤；最小的是北美侏兔，只有25厘米

长耳野兔
虽然这动物也叫"兔"，但它实际上是种野兔。和其他野兔一样，它长着长长的耳朵，生活在旷野上，而不是地下洞穴里。

你相信吗？
穴兔和鼠兔都会吃自己的粪便，将其中残余的营养物质再度回肠吸收，就像牛反刍一样。

长，300克重。尽管有些兔类在遇到危险时，可以迅速转身逃跑，可它们仍以掘洞而居为主。它们的脚爪较为有力，但显然并不利于掘洞。野兔生有发达的四肢，适应于地面生活，它们可以借助伪装来逃避敌害，必要时也会飞速逃离。

鼠兔生活在亚洲东部和美洲西北部，共有14种。这种动物四肢短小，耳短而圆，体形比一般的兔类要小。它们大多生活在寒冷的山地或大草原上，以洞穴周围的植物为食。它们往往在夏秋收集草叶，晾在阳光下晒干，然后储存在洞穴里，以备冬天青黄不接时食用。

兔类动物的主要类别
野兔（右）最大；兔子（中）较小，喜穴居；鼠兔（左）最小，大都生活在亚洲山地。

松 鼠

树松鼠是非常敏捷的攀缘动物，如欧亚红松鼠等，它们体态轻盈，只靠脚爪就可以爬上高大的树干。它们喜欢沿着树枝跳来跳去，在树林里追逐嬉戏。东南亚的倭松鼠只有18厘米长，30克重，其中尾长8厘米；而同一地区的巨松鼠，尾长与它相等，但身体长达45厘米，重达2千克。树松鼠大部分时间都生活在地面上，还有其他很多种松鼠的生活方式与此类似，如花栗鼠。

旱獭十分健硕，它们居住在地面上，但掘洞本领也很强。各种各样的旱獭生活在欧洲、亚洲和北美洲的高山地带，它们有在冬季冬眠的习性。许多在地表生活的松鼠都会通过掘洞来确立自己的势力范围。草原犬鼠是一种小旱獭，可以掘出非常大的洞。

欧亚红松鼠
欧亚红松鼠是一种典型的攀缘动物。

啮齿动物可分为松鼠形、豚鼠形和鼠形。它们之间的区分标准，主要是颚肌与颅骨相连的方式。松鼠形啮齿目动物共有近400种，分布于亚洲、欧洲、非洲、南美洲和北美洲，一般以树上的种子和坚果为食。

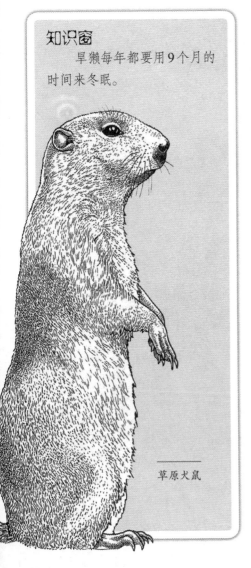

草原犬鼠

松鼠形啮齿目动物包括袋貂和河狸，还包括山河狸。山河狸既不是真的河狸，也未必住在山上。它产自北美洲西部，善于掘洞，通常生活在地下洞穴里。它是一种体形小而圆的素食动物，是现存的最原始的啮齿目动物。

　　囊鼠源自南美洲，约有30种。它们身体紧凑，脖颈短小，喜欢以前肢和门齿为工具，在松软的土壤中掘洞，并把洞穴附近的草根和植物当作美食。它们的"辛苦劳作"有助于疏松土质，但也有可能毁坏作物。人们之所以给它们取名为"囊鼠"，是因为它们的两颊各有一个有毛衬里的颊囊。

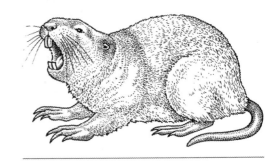

囊鼠

这是一种穴居动物。

花栗鼠

这是非常漂亮、很具魅力的一种地松鼠。

跳兔产自非洲,外形和其他松鼠形啮齿目动物不大像。它们身体瘦长,靠长长的后肢跳跃,以尾部来保持平衡。它们的后脚爪看起来更像是蹄子。跳兔白天一般都待在洞里,晚上才出来寻觅青草等食物。它们的头部和身体总长43厘米,但尾巴比两者之和还要长。

跳兔
这种动物像袋鼠一样靠后肢跳跃。

老鼠和豚鼠

有些种类的鼠形啮齿目动物数量巨大。它们大都毫不起眼,个头微小,能进入并利用各种各样的生存环境生活,也许这就是它们成功繁衍的原因之一。它们基本上以植物种子为食,但它们的颚部适应于咀嚼多种食物。这类动物繁殖能力发达,适应能力很强,爬树、掘地、在地面飞奔,样样皆通,小林姬鼠和白足鼠就是其中的典型代表。

我们常见的老鼠是这类动物中成员较多的一类。它们大都生活在荒野上,对人类没什么影响。

鼠形啮齿目动物是当今哺乳动物种群中数量最多的一种。它们生活在各种各样的环境里,遍布除南极洲之外的所有大陆,种类多达1 100种,占哺乳动物全部数量的四分之一。

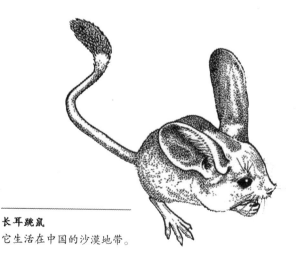

长耳跳鼠
它生活在中国的沙漠地带。

睡鼠
它住在树上,一年有6个月或更长的时间都在睡眠之中。

白足鼠
它有着典型的老鼠脑袋：嘴边有须，眼睛很大，适于夜间活动。

豪猪
非洲冕豪猪背上生有棘刺，可以背对敌害发起攻击。

毛丝鼠（右图）
它身上长有浓密的细毛，以适应高山地带的气候。

也有少数几种比较有害，会破坏人们贮藏的食物。黑鼠则因传播鼠疫而臭名昭著。

鼠形啮齿目动物还包括一些穴居动物，如完全生活在地下的盲鼹鼠，此外还包括适应于干燥气候的沙鼠、仓鼠、树栖的睡鼠以及生活在沙漠地带、以后肢跳跃的长耳跳鼠。豚鼠形啮齿目动物主要生活在南美洲大陆。

有人会质疑，出自北美洲、非洲和亚洲的豪猪是否真的属于这类动物。而分子学证据和颅骨的结构表明，它们之间是有亲缘关系的。从古至今，豪猪都是一种陆生动物，但美洲豪猪善于攀缘，尾巴具有缠绕性。所有的豪猪都长有棘刺，这是由毛发演化来的，起保护作用，有的还是倒生的。

南美洲的啮齿目动物大都生活在地面上，包括14种豚鼠，其中有家养豚鼠的野生近亲物种。它们都是体型紧凑的小动物，但长耳豚鼠是个例外。它四肢细长，适于在开阔的草原上快速奔跑。

栖居于南美洲森林中的无尾刺豚鼠和刺豚鼠都几乎没有尾巴，也没有在奔跑时能将它们身体撑离地面的细长四肢。毛丝鼠全身披着浓密的细毛，除外出觅食外，平时都藏身于地洞中。

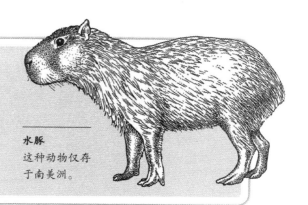

食肉动物

　　大多数食肉动物都长着又长又尖的犬齿，以便于捕杀猎物。它们的下颚可以左右稍微移动，但强有力的颚肌更支持上下咬合。臼齿齿峰锐利，可以将肉切割成小块，以便于吞咽。上颌第四枚前臼齿和下颌第一枚大臼齿特别大，形成剪刀状的撕咬工具。这种裂肉齿在猫科动物中最为发达。

　　捕捉猎物需要具备良好的感官。嗅觉对于很多食肉动物，特别是犬科动物来说，非常重要。在林地和高草草原等便于动物藏身的地方，听觉对于食肉动物来说是至关重要的。在空旷地带，食肉动物前视的双眼，有利于在突袭或最后冲刺之前帮它们作出距离判断。食肉动物的脚爪可用于攀缘，也是捕抓猎物和撕裂肉块的有力武器。猫科动物的利爪尤为发达，不使用时，还可以把它们缩回爪鞘。

　　体形健硕的食肉动物靠脚底的肉垫行走，攀缘动物也是如此。行动最为迅捷的食肉动物，如犬科动物和小型猫科动物，可以用脚尖站立，以尽可能地利用四肢的长度，增加速度。

　　已知最早的食肉动物是一种形状与鼬相似

典型的食肉动物
双目前视，是食肉动物的典型特征。

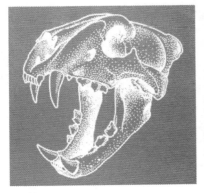

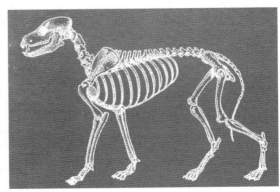

便于攻击（左图）
这个狮子颅骨的主要特征是颚骨向前，便于攻击猎物。

适于飞奔（右图）
狼的骨骼结构显示，它们适于远距离的快速奔跑。

韧带放松，利爪回鞘。

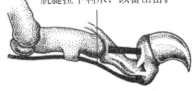
肌腱拉下利爪，以备出击。

秘密武器（上图）
连接末端趾节的肌肉收缩，韧带收紧，猫科动物的利爪就伸出爪鞘了。

知识窗

　　穿山甲是一种生活在亚洲南部和非洲的食蚁动物，共有7个种，全身覆交叠的角质鳞甲。它们没有牙齿，无法咀嚼，但可以用富有黏液的长舌舔食昆虫，并在胃部将食物磨碎。它们的前肢非常有力。一些科学家认为，穿山甲是南美洲啮齿目动物的近亲。但分子学研究的证据表明，它们与食肉动物的联系更为密切，只不过在很早之前就分化出来了。在德国，曾发现一块5 000万年前的穿山甲化石。

的小动物,它们很快分化为两个分支。一支叫犬型亚目,包括犬科、熊科和鼬科等;另一支叫猫型亚目,包括猫科、麝猫科和獴科。人们曾发现过这两个已经灭绝了的亚目动物的化石。

古代食肉动物

远古时期,有一类哺乳动物曾经尝试过以肉为食,即有蹄类哺乳动物。这类动物中也进化出了一些大型动物,如5 500万年前的安氏中兽。这种动物有河马那么大,仅颅骨就长达1米。它们的脚趾末端有蹄,但同时长有犬齿和三角形的臼齿。安氏中兽可能和熊一样,是杂食性动物,也有可能吃腐肉为生。

肉齿目动物很可能与食肉目有着共同的祖先,但属于不同的分支,也没有现存的后代。它们和食肉动物有很多相似之处,颚部同样有切割性的裂肉齿,不过构成裂肉齿的牙齿不尽相同。它们在5 500万～3 500万年前盛极一时,之后逐渐衰亡,其中有些种类又继续存活了3 000万年。

在当代的食肉目出现之前,其他种类的哺乳动物一度是主要的食肉动物。

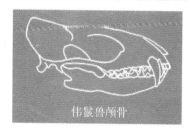

伟鬣兽颅骨

安氏中兽和伟鬣兽(下图)
前者(左)可能是有史以来最大的肉食性哺乳动物,后者(右)出现于几百万年后,生活在北美洲。

剑齿虎长有马刀齿，生活在南、北美洲地区，灭绝于1万年前。在美国加州洛杉矶市的拉布雷沥青坑里，发现了几千只剑齿虎的遗骸。它们很可能是前来捕食陷在坑中的猛犸或者野牛，原本打算饱食一顿的，不料自己也身陷其中。

准备刺杀
剑齿虎扑到大地懒身上，即将击杀大地懒。

它们脚有五趾，靠四肢支撑着身体，体形一般较小，有的大小和狗、狮子差不多，但最大的可重达1吨。与现代食肉动物相比，它们的大脑较小，四肢较短，也不够灵活敏捷。约从3 500万年前起，食肉目取代它们成为主要的食肉动物。

最早的食肉目动物是细齿兽类，6 000万年前的化石表明，这是一种身体细长、长着长尾的小动物。它们生活在森林里，四肢短小、灵活，适于爬树。到3 000万年前时，地球上生活着很多种食肉动物，它们体形大多和鼬相似，如黄昏犬。后来，食肉动物分化为两个演化为现存食肉动物的科，其他的则都已绝迹。

猫科动物长出了各种各样的马刀齿形式。从2 500万～2 00万年前，长有马刀齿的猫科动物在数量上一直比普通猫科动物更占优势。它们的颚部和脖颈强健有力，这样便于张开嘴巴，利用巨大的、马刀状的

上犬齿发起攻击。它们往往先用前爪抓牢猎物，然后再用牙齿撕咬，这样就可以猎食较大的动物。一些猫科动物的犬齿带有锯齿边，如似剑齿虎，可以轻易地切断猎物的喉咙和血管。斯剑虎长有圆锥形的犬齿，可以深深刺入猎物坚韧的皮肤。

现代食肉动物

狗科动物往往聚在一起，合力杀死个体无法对付的猎物，较小的狗科动物则相应地捕杀较小的猎物。很多狗科动物都会在正餐之外，再吃点植物，以作补充。

> 犬科包括狼、豺和狐狸。这一家族中较大的动物，如狼和非洲野犬，可以长距离地追逐猎物，再将其猎杀。

熊科动物体形健硕，美国阿拉斯加州的棕熊体重近1吨，即使是最小的马来熊，仍重达65千克。熊类以扁平足上的肉垫行走，不适应奔跑，但短距离内跑动的速度比人类要更快一些。它们可以捕食鹿一般大小的猎物，也吃鱼、浆果、植物根茎、蜂蜜、昆虫幼虫等食物。

浣熊科大都是适应丛林生活的攀缘动物，主要生活在南美洲和中美洲地区，除浣熊外，还包括长鼻浣熊、长尾犬浣熊和中美蓬尾浣熊。它们大多数都是杂食性动物。

非洲野犬
它们往往成群出动，合力猎杀一匹斑马。

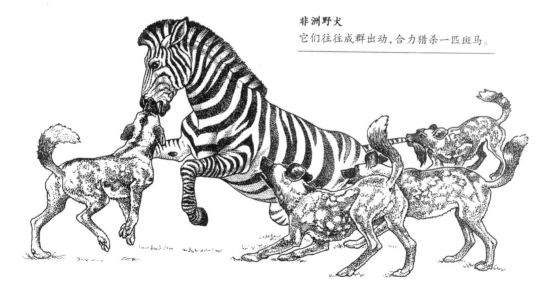

白鼬

它是一种凶残的动物杀手。有趣的是，即使换上了过冬的白色毛皮，它的尾巴尖也还是黑的。

眼镜熊

它们是生活在安第斯山脉的珍稀动物。

条纹鬣狗

这种动物分布广泛，从非洲北部到印度东部都可以见到它们的行踪。

小熊猫生活在亚洲，也是树栖动物。中国的大熊猫以竹子为主食，很可能是一种特化的熊。

鼬科大小各异，小的只有20厘米长、50克重，大的则重达15千克，如体形健壮的貂熊。它们大都是狩猎高手，有的还能猎杀比自己大的动物。它们有些是在地面上捕食的，如鼬；有些则在树上安居，如貂。这一科动物还包括臭鼬和獾。

獴科仅存于亚洲和非洲，包括主要生活在地面上的獴和攀缘动物麝猫。马达加斯加岛上有几种稀奇的獴科动物，包括神秘的、外表与猫极其相似的马岛长尾狸猫。

鬣狗生活在非洲和亚洲。它们前肢长于后肢，颚部强健有力。它们一般以腐肉和尸骨为食，不过也有些鬣狗是技术高超的猎手。

除澳大利亚外，猫科动物可谓遍及世界各地。它们共有35个种，大都是夜间出没的捕猎高手，感觉器官非常灵敏。其中，最小的野生种类是非洲南部的黑足猫，最大的是东北虎。

知识窗

有两种食肉动物可以凭借尾巴缠绕,悬挂在树枝上,它们是蜜熊和熊狸。蜜熊生活在美洲的热带地区,属浣熊科。熊狸生活在亚洲东南部,体形较大,体毛蓬松,属獴科。这两种动物都喜食水果。

蜜熊
它栖居在树上,用自己的长舌头来吸食水果和花朵。

原始的有蹄动物

几千万年前,一些中型的哺乳动物开始向植食性动物转变,它们用宽平的磨牙来碾碎植物,同时,四肢变长,便于快速跑动以逃避敌害。其中,一些动物的脚爪变为圆形的宽趾甲,很多动物则长成了真正的足蹄。这些动物的后代以适应得来的趾尖和脚爪行走,就是现存的有蹄动物。

与有蹄动物的原始祖先并存的,还有其他的一些分支,

世界上现存许多种有蹄动物,如鹿、马等。尽管它们种类繁多,但与5 000万年前存在于地球上的众多种类相比,还是九牛一毛。

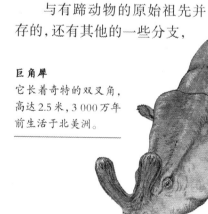

巨角犀
它长着奇特的双叉角,高达2.5米,3 000万年前生活于北美洲。

不过后来都灭绝了。所谓"哺乳动物时代"的已过去的6 000万年里，非洲和南美洲都是与北半球的大陆相分离的"孤岛"，在这两块大陆上进化出的很多动物，都是世界上其他地方没发现过的种类。

埃及重脚兽便是其中之一，它曾生活于非洲大陆上，长有明显的更适应于咀嚼植物的牙齿，还可能长有适应于采摘食物的柔软唇部。在这些方面及在总体外形上，它与犀牛很相似。但是，它的骨骼结构表明，二者之间无任何亲缘关系。埃及重脚兽的鼻骨上有两只巨角，可能与同样产自非洲的象类和蹄兔是远亲。蹄兔在外表上看起来很像短耳穴兔。生物学家通过解剖结构的一些情况认为，蹄兔与象类可能存在亲缘关系，近年来的分子学研究证据有力地证明了这种说法。现代蹄兔长约60厘米，但在3 000万年前，它们的某些种类可是如小犀牛般的庞然大物。

南美洲的犹因他兽长达3.9米，它属于早期的一类叫做雷兽的有蹄动物。一些犹因他兽大小和猪差不多，不过更多是大如犀牛。它们的颅骨上生有一排棘角，上颚往往长着一对硕大的犬齿。所有的犹因他兽都已灭绝。

埃及重脚兽
身长达3.3米，以沼泽植物为食。

蹄兔（左图）
它的脚掌足垫的中间部分可以缩进，形成一个肉垫吸盘，以助于爬树。

知识窗

土豚是非洲现存的另一种有蹄动物,它长有奇特的白齿和附有黏液的长舌,舔食蚂蚁和白蚁为生,并在胃部将食物磨碎。它白天穴居在地洞里,晚上才出来觅食。现存的这类土豚,与啮齿目的食蚁兽之间似乎不具有亲缘关系,与原始的有蹄动物,如蹄兔,倒是"远亲"。

南美洲有蹄动物

大约1 300万年前,南、北美洲还是连在一起的整块大陆,并与其他大陆相分离,原始的有蹄动物就在这个时候开始灭绝。它们与生活在世界上其他地方的有蹄动物并无近亲关系,但令人惊奇的是,它们具有很多与别处有蹄动物一一对应的特征。因此,我们能看到很多南美洲特有的动物,与我们平常所见的马、象、骆驼和其他许多种植食性动物相似,但绝不相同。在我们看来,它们长得太"奇怪"了。

> 南美洲一度是座"孤岛",曾有大量的有蹄动物在这里繁衍生息。

其中一个很大的种类是南方有蹄目。这些动物以体形大小分两类,一类和穴兔相近,但可能比穴兔要大得多,几乎和熊差不

箭齿兽
这种体形硕大的动物生活在南美洲,以植物为食,于近代灭绝。

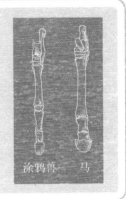
多；另一类则体形硕大，脚有三趾，近似河马。它们在2 500万～500万年前之间尤为昌盛。箭齿兽存活的时间要长一些，它们是在近代通往北美洲的大陆桥形成之后灭绝的。

焦兽是种体形健硕的有蹄动物，生活在3 000万年前。它们的上颚、下颚均长有较短的尖牙，鼻孔靠后，位于颅骨较高处，这表明这种动物生有长长的"象鼻"，便于采摘食物。焦兽长达3.9米，高达2米，外形与象相似。

闪兽是另一种与外界动物无亲缘关系的大型哺乳动物，颅骨结构表明它们长有"象鼻"或长长的、灵活的上唇部。它们的牙齿已经特化，便于切食植物类食物。与前肢相比，它们的后腿及臀部似乎发育得很不完全。闪兽高约1.5米，直到500万年前才绝迹。

长颈驼
它看起来很像骆驼，但实际上二者毫无关联。

滑距骨目是有蹄类的另一大目。其中最大的动物长颈驼，在外形上很像骆驼，不过长有一个短"象鼻"，以帮助进食。最大的长颈驼肩高可达1.5米。最有趣的莫过于它外形似马、长腿善奔。在进化过程中，它们的侧趾消失了，这样有些种类的长颈驼就能像马一样，靠单趾站立、奔跑了。

奇蹄目动物

奇蹄目动物主要是靠四肢的中趾来支撑体重的。在进化过程中，它们外侧的脚趾逐渐消失了，犀牛和早期的马类只剩三趾，现代的马类则只剩一趾。在过去，奇蹄目动物曾相当昌盛，但现在仅存16种。

貘科动物是森林动物，以树叶和嫩芽为食。它们用短象鼻和上唇把食物送入口中。现在的貘与2 000万年前的貘差不多，它们的近亲则可以追溯到3 000万年前。如今，北美洲现存有三种貘，还有一种貘生活在东南亚。

犀科动物是3 500万年前从貘科动物进化来的，除与现代犀牛相似的种类之外，还包括身体轻便的"跑犀"和一些庞然大物。巨犀是一种长颈、无角的动物，以树叶为食。它站立时可高达7.9米，比长颈鹿要高得多，很可能重达16吨，是已知最大的陆生哺乳动物。

在现存的五种犀牛里，非洲黑犀以丛生灌木为食，吻部尖而突起，适于抓取。白犀鼻口较平，上唇为方形，以青草为食。有三种犀牛生活在亚洲地区。

> 现存的有蹄类动物可分两大主要种类：奇蹄目和偶蹄目。奇蹄目动物包括马科、貘科和犀科。

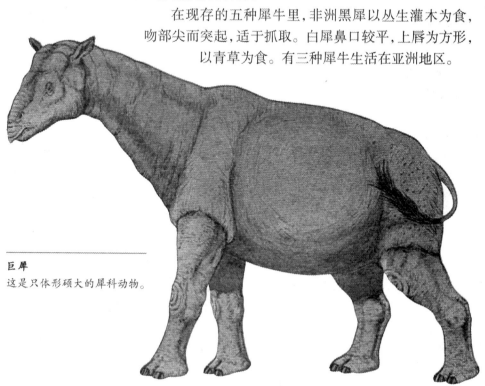

巨犀
这是只体形硕大的犀科动物。

非洲和亚洲共有7种马、驴和斑马。目前，野生的斑马仍是数量众多，但其他两种动物的野生种类已经很稀少了。

根据形成于5 500万年前的一系列化石，我们可以了解到马科动物的进化过程。最初的马源自一种栖居于森林中的动物，以灌木丛中的柔软草木为食，大小和小狗差不多。后来，它们逐渐适应了旷野上的生活，体形变大，四肢变长，奔跑速度也加快了。它们的脚趾也由多个减少到一个，即形成了单蹄；牙齿则变得更大、更复杂、更适于咀嚼坚韧的草类。马的祖先很可能是独居的，但现代的马科动物大多成群生活，这样更利于在空旷地带进行自我防卫。

马来貘
这种动物是貘科动物中最大的一种。我们可以根据它身体中部的白色皮毛，把它同美洲貘区分开来。

斑马（上图）
斑马的条纹是一种炫目的保护色。

印度犀牛（右图）
这种动物长有独角，皮肤上的折痕清晰可见。

　　犀牛角是由角蛋白构成的,与我们的头发和指甲的构成成分相同。尽管如此,它们还是被大量猎杀,犀牛角被加工制作成为所谓珍贵药材。现在,所有的犀牛种类都非常稀少了。

白犀

偶蹄目动物

　　有些偶蹄目动物只长有两个脚趾,但大多数偶蹄目动物在四蹄靠上的部位,还保留着两个小脚趾。这两个小脚趾一般是不会接触地面的,不过踩在松软泥土上的猪科动物例外。早期的偶蹄目动物起源于5 500万年以前。与奇蹄目动物不同,偶蹄目动物至今种类繁多,多达190种,其中绝大部分都是现代种类,如鹿、羚羊、山羊等。

　　偶蹄目动物的牙齿非常适合咀嚼食物。除此之外,偶蹄目中较发达的动物还有另一种方式,可以最大限度地汲取食物的营养。它们的复胃有多个胃室,植物在此发酵并分解。食物在第一、第二胃室被消化成软块后,再重新返入口内,被充分咀嚼,这就是反刍。反刍后的食物再度进入其他两个胃室,继续进行消化。这样,比起具有单胃的植食性动物,它们对食物的消化更为彻底。

　　猪科共有九个种,大都是杂食动物,依靠它们灵敏的嗅觉和有力的猪鼻来掘食根茎和幼虫,或在地面上觅食。很多猪科动物都长有发达的獠牙,用于自我防卫。它们大都栖息于林地,生性比较胆小怯懦。

　　偶蹄目动物,包括猪科、河马科、骆驼科、长颈鹿科、鹿科和牛科等。它们靠四肢上有两个脚趾的蹄来支撑体重。

反刍胃

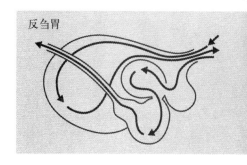

反刍胃
这种复胃是反刍的有蹄动物所特有的,其中包含的细菌有助于消化坚韧的植物类食物。

古骆驼

这是一种长颈的骆驼，高达3米，曾栖居于北美洲。

西猯生活在南美洲和中美洲。它们外形与猪相似，生活习性也有很多相同之处，但其实它们属于不同的科。

很多类哺乳动物都起源于某个地区，再扩散到世界上其他地方，然后慢慢走向衰亡，不过也可能会在起源地之外的地方存活下来。

骆驼科动物出现于4 000万年前的北美洲，它们进化出了很多不同的种类，如颈部极长的古骆驼。直到200万年前，骆驼科才扩散到南美洲。约在1万年前，北美洲的最后一种骆驼灭绝了。如今，亚洲存有两种骆驼，非洲北部存有一种，南美洲存有两种无驼峰的野生骆驼，分别为小羊驼和原驼。

红河猪（上图）
这是一种生活在非洲丛林中的大型野猪。
鹿豚（左图）
这是一种印度尼西亚的野猪，奇特之处在于它们的上獠牙能够贯通上唇部，长在鼻梁两侧。

野双峰驼
这种动物生活在亚洲中部的戈壁滩上。

小羊驼
它生有细密、丝绸一般的被毛,一向为偷猎者觊觎。

知识窗

西猯成群结队地生活在一起,一群的数量可多达100只。在受到美洲虎等掠食动物侵袭时,会有一只西猯勇敢地站出来,牺牲自己以护卫其他同伴逃走。

反刍动物

鼷鹿仅40厘米高,身体肥圆,腿短而细,脚有四趾,以柔软的草木为食。自4 000万年前至今,它们都没什么变化,为我们研究早期有蹄类动物的外形提供了极好的样本。

长颈鹿科现仅存两个种类,即长颈鹿和㺢㹢狓。长颈鹿,高达6米,常以长吻长舌采摘树叶或灌木丛叶为食,栖息在非洲热带稀树大草原上。㺢㹢狓生活在刚果东部的热带森林中,头部和舌头与长颈鹿很像,但体形

反刍动物是具有反刍习性的偶蹄目动物,它们最原始的祖先是鼷鹿。现存有四种鼷鹿,生活在非洲和亚洲的热带森林里。

长颈鹿（右图）
食物要"走"好长的路，才能从长颈鹿的胃部返回到口里，以便进行第二次咀嚼。

比较
四角鹿（上图）长有奇特的角，生活在500万年前的南美洲。

小旋角羚（下图）是现代的一种非洲羚羊。

较小，脖颈较短。它与在欧洲和亚洲发现的500万年前的一种动物化石非常相似。还有一种长颈鹿生活在非洲和亚洲地区，叫做西瓦鹿，它体形粗壮，面部长有分叉的角，不过已于200万年前灭绝。

除澳大利亚外，现存的40种鹿科动物分布于世界各地，它们大都生活在森林地区和林地，以灌木丛为食。它们大小各异，小的如南美洲的普度鹿，仅40

厘米高;大的如北部地区的驼鹿,高达2.3米。一般来说,雄鹿长有鹿角,雌鹿无角。不过驯鹿是个例外,雌雄鹿都有角。鹿角是骨质的,每年都会脱落,再重新长出。新角在骨化之前,质地松脆,外面蒙着一层天鹅绒状的茸皮。新角长大后,茸皮就会脱落。很多种鹿的鹿角会随身体成长而长大,起着一种宣示"力量"的信号作用。

　　牛科动物是偶蹄目中最庞大的一科,有180多个种类,包括牛、羚羊、野山羊和绵羊。它们生活在各种各样的环境里,从森林到沙漠,从沼泽低地到高山地区的干燥、岩石地带,到处都可见它们的踪影。不过,澳大利亚和南美洲没有原产的牛科动物。它们上颌无门齿和犬齿,臼齿齿冠高,咀嚼面宽,下颌有三对门齿,适于咬切植物。

　　很多牛科动物头上有角。它们的骨质角心是由额骨突起衍生而成,不会脱落,角心外面还包着一层由角蛋白构成的、坚硬的角套。雄兽和雌兽都可能长角,但雄兽的角往往比雌兽大得多。

印度野牛
这是印度和中南半岛上最大的野牛。

山羊
这是一种生活在欧洲和亚洲高山地区的野生山羊。

象

现存有三种象，其中两种分布在非洲，另一种存于亚洲南部。根据化石记录，长鼻目动物的历史可追溯到 5 000 万年前，它们的进化趋势十分明显。在漫长的进化史上，它们分布广泛，数量众多。直到近代以来，这种状况才有所改变。

早期的长鼻目动物，如始祖象，和现代的貘差不多大小。它们下颌突出，颚内长满短小的圆齿，前颚长有四根长牙，但相对较小。一系列的化石记录表明，在随后的进化过程中，长鼻目动物的体形逐渐增大，面部逐渐缩短，四肢也更为粗壮，更像柱子了。牙齿不再一次性全部长出，而是终生都在生长。它们的大量臼齿，是随着旧齿的逐渐脱落而依次长出的。最后一颗、也是最大的一颗牙齿，可能在它们30岁时才长出。象鼻也慢慢地进化出来，以作进食和饮水之用。很多种象的獠牙越长越大，很可能起到了帮助进食的作用。最早的长鼻目动物起源于非洲，并在非洲与其他大陆连接起来之后，扩散到了世界各地，包括美洲地区。

除了象类以外，长鼻目动物还包括乳齿象类。这种动物的牙齿结构较为简单，其早期种类与始祖象非常相似，后来的种

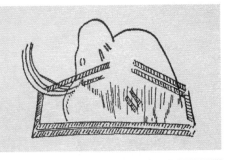

被困住的猛犸
这是石器时代某位艺术家的遗作。很明显，它描绘的场面是，一只猛犸被困于可怕的陷阱之中。

始祖象
这是一种体形较小的早期长鼻目动物。

类，如乳齿象本身，就与真象比较相似了。它们生活在北美洲，直到几千年前才灭绝。长鼻目动物的另一个分支进化成了恐象。恐象仅在下颌长有一对向后下方弯曲的獠牙，它们对于恐象进食可能非常重要，但我们无从确证。

真象在200万年前才进入它们的全盛时期。它们种类繁多，有些与现存的象类亲缘关系密切。其中最大的种类是哥伦比亚猛犸，肩高达4.6米，但地中海岛屿上也发现了一些体形矮小的真象类化石。

非洲象是现存最大的象类，生活在非洲丛林中或热带稀树大草原上，以草料为食。它长有巨大的象耳，可

嵌齿象
这个上下颌均长有獠牙的庞然大物，是一种早期的乳齿象。

亚洲象（右图）
亚洲象也叫印度象，雌象的妊娠期长达20个月。
非洲象（左图）
一头成年的雄性非洲象可重达6吨。

能有助于它散发热量。亚洲象则主要生活在森林地带。

尽管它们的肠胃功能强大，但大象仅能部分地消化进入体内的食物。它们一天可能要吃上18个小时，吃下重达150千克的草料。

知识窗

这种全身长毛的猛犸是现代亚洲象的近亲，它生活在上一个冰期，以冰原上的草料为食。那时的人类与之共存，并将其形象绘制于岩洞壁画上。在俄罗斯的冻原上，曾发现有猛犸的冰冻遗体。

第六章

鸟类

善于奔跑的鸟类

现存的大型不飞鸟包括鸸鹋、鹤鸵、美洲小鸵和鸵鸟,这些鸟都属于平胸鸟类。"平胸"二字是指它们的胸骨较为平坦,不具有供大块飞行胸肌附着的龙骨突起。它们的羽翼很小,鹤鸵甚至完全没有翅膀。另外,与飞鸟不同,它们的羽毛是对称生长的。

大型的不飞鸟类与有蹄动物较为类似。它们生有修长的双腿,为尽可能地保持轻便,它们将肌肉和重量都集中在大腿部位,小腿则主要由骨头和肌腱组成。大多数种类的脚趾减少至三个,鸵鸟更少,只有两个,其中较大的脚趾尖端有蹄状爪,它们在空旷地带可以健步如飞。

如今,鸵鸟仅存于非洲,其他大型不飞鸟也仅存于某一大陆,如南美洲的美洲小鸵、澳大利亚的鸸鹋、澳大利亚和新几内亚岛的鹤鸵,较小的鹬鸵也只生活在新西兰。在几百年前,人类刚刚登陆新西兰之际,仍有很多大型不飞鸟生活在这片土地上,它们叫做恐鸟,有的可高达3.5米。但是,它们很快就成为人类的猎杀对象,并走上灭绝之路。马达加斯加岛上也曾有几种不飞鸟类,包括象鸟。它们至少和鸵鸟一样高,但更为健硕。

在非鸟类恐龙灭绝之后,地球上进化出一种食肉的不飞鸟类。它们体形硕大,生有巨喙,是鹤类的远亲。在大部分地区,它们的统治时期都十分短暂,很快被随后出现的食肉哺乳动物所取代,但在南美洲是个例外。在那里,由于没有食肉的胎盘动物与之竞争,像恐鹤这样的狩猎鸟类直到很晚才灭绝。

恐鹤
这种鸟站立时可高达3米,是一种杀伤力巨大的高阶掠食种类。

平胸鸟
上图展示了现存的平胸鸟类。从左到右，依次为鸵鸟、美洲小鸵、鹤鸵和鸸。

同样的，象鸟在人类的猎杀之下，也于几百年前灭绝。这样看来，除少数情况外，不飞鸟都是在没有掠食性哺乳动物的岛屿上进化并幸存下来的。

在关于平胸鸟类的一些问题上，科学家们还存在争议，如平胸鸟类的祖先是否能飞、不同种类的平胸鸟之间是否存在亲缘关系、它们相似的外形是否仅仅源于相同的生活方式。大多数科学家都认同，一些证据表明它们之间存在亲缘关系，它们的祖先可能是会飞的。除缺乏飞行能力这一共同特征外，它们上颚骨的骨骼安排方式都与普通鸟类不同，而与鸸的上颚骨结构同样原始。鸸生活在南美洲，外形像松鸡，稍微能飞，但飞得很差，我们一般将其归为平胸鸟类。

鸸鹋
它生活在澳大利亚大草原上。

第七章

生物群系

热带雨林

热带雨林的树枝上生长着苔藓、蕨类、凤梨科植物和其他植物类型。如果林冠不是非常浓密的话，它下面可能还会长有低冠层的小乔木或灌木。各种藤蔓依附着木本植物，向上面光线较强的地方攀缘生长，上方的藤本植物又会交错下垂，两者缠结成复杂的密网。这里的密集植被，不仅为动物提供了树叶、水果、种子等大量食物，还提供了绝妙的藏身之地和各异的生活环境。

与其他生存环境相比，热带雨林在同一片空间里能容纳更多的动物物种，每种动物都生活在特定的雨林层中。非洲雨林的地面层上，生活着各种各样的有蹄动物，小的如小羚羊，大的有紫羚、㺢㹢狓和大象。很多动物都是独居动物，长有斑点或条纹状的伪装，起保护色或警戒色的作用，但它们还是会被善于爬树的非洲豹捕食。同样，南美洲热带雨林的地面层上也生活着不同种类的动物，不同的是，这里的貘、鹿和西猯被美洲虎猎杀。较高的林木层是各种猴子的天下，它们占林为王，各自栖居并守卫着所在的"三维空间"。

大量昆虫寄居在热带雨林的草木上或植物体内，它们是鸟类的可口美食，这些鸟似乎已经明确分好了工，分别以林木的不同部位为捕虫阵地，如树干、树枝、树叶等。还有的像啄木鸟一样，专门在树皮上钻孔以捕食昆虫，鹦鹉则以树种为食。南美洲的大嘴鸟，或非洲和亚洲的犀鸟，喜欢从树枝上采摘水果吃。松鼠沿着细长的树枝攀爬跳跃，蝴蝶在林冠之上翩翩起舞，喜食水果和昆虫的蝙蝠则在低空盘旋。还有蛙类、

热带雨林是地球上稳定性最高、物种最丰富的生态环境之一。在温暖、湿润的气候条件下，植物生长异常繁茂，树木高耸入云，枝叶织成参天林冠，形成了"森林天篷"。在这之上还有一些更高的树种，像擎天柱一样高高耸立，俯瞰大地。

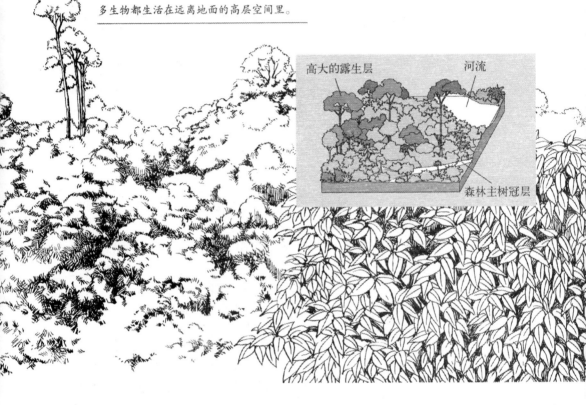

热带雨林
这里生长着地球上最为繁茂的植被,其中很多生物都生活在远离地面的高层空间里。

高大的露生层　　　河流

森林主树冠层

树蛙
许多树蛙都生活在热带雨林中。

热带雨林分布示意图

千足虫、蜈蚣、蜘蛛等,实际上,各种陆生动物的典型种类都在热带雨林里繁衍生息。可以说,这里是生命的天堂。

在某些方面,对于动物来说,热带雨林的生活是非常自在、舒适的。但另一方面,由于数量众多,这里的生存竞争也非常激烈。正因如此,其中的很多动物都专居其处、专用其食,这是热带雨林特有的生活方式。

温带疏林

温带疏林的树木大都是落叶乔木,一到冬季,树叶就会脱落。夏季是植物快速生长的季节,能为动物提供充足的食物,动物均会选择在此时繁育后代。温带疏林是美国东部和欧洲北部重要的天然植被类型,但现在几乎已被砍伐、清除殆尽,取而代之的是大量农田和城镇。

温带疏林中的生物种类不像热带雨林那么丰富,大多数动物的体形也都较小,尽管如此,仍有不可思议的大量物种栖息在这里。仅在英格兰地区,就至少有280种昆虫,或多或少、不同程度地寄居在橡树上。依附橡树为生的,还有很多较大的动物以及真菌、苔藓、藻类植物等。橡树可能是最好的宿主树之一,此外还有其他许多树种也是如此。总体来看,温带疏林的多样化程度是相当高的。

乔木是温带疏林的主要部分,不过有充足的光线可以透过开阔的林冠,照射在地面上,利

温带疏林地区降水充足,林木得以生长。尽管这里的夏天温暖、潮湿,冬天却可能较为寒冷。

臭鼬
它生活在美洲大陆的温带疏林中,是一种体形较小的掠食者。

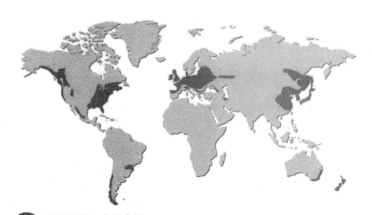

温带疏林分布示意图

温带疏林

一般来说,温带疏林拥有丰富的动植物群。但如今很多地方的天然林区已被农田取代,物种数量极少。

于灌木层的形成及花朵、草丛的生长。落叶林的一个特有景观就是,春季到来时,先有繁花似锦,然后才是绿叶绽放,满林春光。

这里生活着许多植食性动物,包括许多昆虫。毛虫嚼食树叶为生,一些微小的毛虫和其他昆虫,整个幼虫期可能都待在一片树叶上。鼠和松鼠等哺乳动物以种子、嫩芽和水果为食。欧洲温带疏林区的最大植食性动物是

林地持续退缩　　农田占用优质土壤

鹿和野猪。野牛现在仅存于波兰。这里的掠食动物理应包括狼和棕熊等，但在大部分地区，它们已经被人类猎杀光了。目前温带疏林中主要的掠食动物是狐狸、野猫以及白鼬和貂等小动物。鸟的种类繁多，其中有些捕虫为食，如啄木鸟；还有些是掠食动物，如灰林鸮等。

北方针叶林

在很多地方，枞树、冷杉长得非常繁茂，遮天蔽日，林间地面上的光线十分昏暗。在这些参天林木之下，很少长有灌木丛或花草，而是堆积了厚厚的一层针状叶，它们是从树上落下的，正在慢慢腐烂。这些针叶树四季常青，但衰老的叶子也会逐渐脱落。在林中一些较为平坦的开阔地带，还可能会有沼泽或水涝地。这种类型的森林，叫做针叶林。

北方针叶林内的生存环境在不同地区也是高度一式化的。在北美洲和欧亚大陆的北方针叶林中，生活着很多同类动物。冬季的大部分时间里都是冰封雪冻，生物的生长期十分短暂。与温带疏林相比，这里的鸟类迁徙现象更为普遍，夏天生活在这里的很多鸟，都在入冬之前迁徙去南方了。夏天白昼很长，大量昆虫开始繁殖。这里有一些植食性动物，如田鼠、旅鼠、松鼠、美洲旱獭等。美洲旱獭有冬眠习性，但其他哺乳动物大都在冬季保持活跃，它们在雪下的空间里跑来跑去，以此来抵御地面上难耐的寒冷。有几种鹿生活在森林里，如欧亚大陆的红鹿，体形较大的加拿大马鹿，还有一种最大的、以嫩叶为食的驼鹿，即

在北半球温带疏林以北的寒冷地带，绵延着数千平方千米的针叶林，它主要是由枞树、冷杉等针叶树构成的。

驼鹿
它们生活在北美洲和斯堪的纳维亚半岛的北方针叶林区，当地人称之为"驯鹿"。

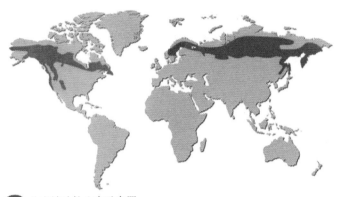

北方针叶林分布示意图

"欧洲麋鹿"。食肉动物则包括紫貂、貂熊、狼和熊等。

这里的动物物种比温带疏林还要少，因此，食物链变得相当简单，一种食肉动物可能主要依赖于某一种特定的猎物。例如，美洲的猞猁以白靴兔为主食。这是一种会在冬季变成白色的兔子，因此得名。它们的繁殖能力很强，几年之内就会达到临界数量的每平方千米800只兔，超过了生存环境能容纳的程度。竞争加剧等原因会造成它们成批死亡、数量减少，开始新一轮的繁衍与衰亡，如此反复循环。严重依赖于白靴兔的猞猁的数量，也随之呈现相似的变化周期，不过要稍微延后一些。

北方针叶林
比起更靠南方的温带疏林，这里的物种种类相对单一。

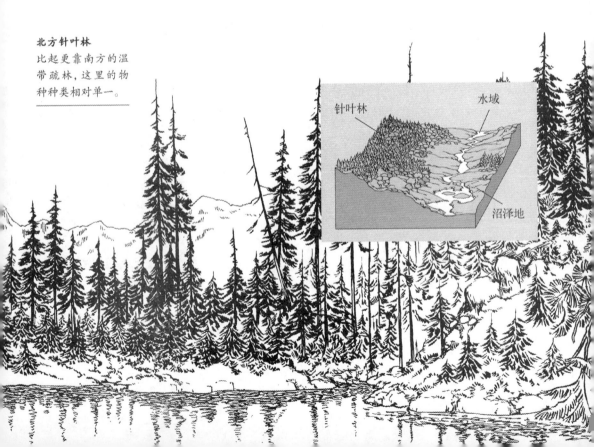

针叶林

水域

沼泽地

热带草原

撒哈拉沙漠南部的大陆上，是一片广袤无
际的大草原，其中零星点缀着一些树木，这就是
著名的非洲稀树大草原。这里全年高温，但一年
中也有明显的季节变化，主要是以降水多少区分
的。在短暂的雨季来临时，草长花开，生机勃勃，
万象更新，异常繁茂。昆虫大量繁殖，鸟类也趁
食物充足不失时机地筑巢、繁育。在旱季，稀树
大草原上可能会燃起熊熊大火，但大火熄灭后，
草根会很快发出新芽，沉睡的种子也开始萌发。

草原为大量动物提供了食物。数量众多的
羚羊和水牛群就在非洲草原上吃草为生。每个
物种的食物类型稍有不同，这样彼此间的竞争
会减轻一些。疣猪掘草根为食，小瞪羚喜食短
小的嫩芽，斑马则对粗糙的长草情有独钟。四
散分布的树木和灌木丛也被不同高度的动物取
食，其中最高的是长颈鹿，其次是大象，较矮的
是一种羚羊，叫长颈羚。它长着长长的脖子，吃
树叶时要以后腿站来保持平衡。

结成兽群的生活方式更加安全，这样就有
更多的耳目可以防范掠食者。热带稀树大草
原上最大的掠食动物是狮子，非洲豹和敏捷的

一些热带地区有部分降
水，但很难满足成片树林生
长的需要，因此这些地区的主要
植被是草原。南美洲、澳大利
亚和非洲都分布有热带草原。

长颈羚
这种羚羊专食灌木叶。

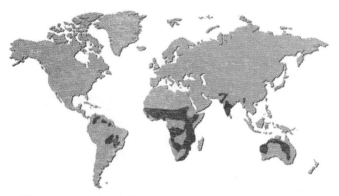

热带草原分布示意图

猎豹也在此猎食，此外还有非洲猎犬和鬣狗。较小的猫科动物，如薮猫，则捕食较小的猎物。这里，很多小动物白天居住在洞穴里，以避开烈日和掠食者，夜间才出来吃些草料。

草原上的兽群经常四处迁徙，寻找食物。生活在东非赛伦盖蒂大草原上的几百万只角马，就形成了一定的迁徙模式。它们会不断追随雨后的繁茂草地，并在旱季时全体迁向更为湿润的地带。它们排成纵队，一路前行，越过河流和其他障碍，直奔水草丰美之乡，幼崽也都是在迁徙的途中出生的。

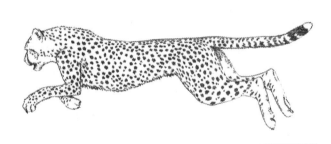

猎豹捕猎图
猎豹追捕瞪羚时，速度可达95千米/小时。

热带草原
这种生态环境中零星散布着一些抗旱树种，可供大量摄入嫩叶的动物生长。

温带草原

　　正如温带疏林和热带雨林在物种多样性方面相差很远,与热带稀树大草原相比,温带草原上的物种也少得多。不过,这里还是相当富饶的,足以供养大量植食性兽群在此繁衍生息。但对自然界来说很不幸的是,很多温带草原都被开辟为农田,用于农业耕作。北美洲大草原曾是几百万只美洲野牛的栖息家园,但大批兽群被人类所猎杀,如今几近灭绝。大草原的生态系统因此完全改变,尽管被辟为农田开垦的面积并不多。

　　有些小得多的野生动物得以存留下来。这里的啮齿目动物,小到老鼠、囊鼠,大到草原犬鼠,都以草原植被为食。它们又为较小的掠食动物所捕食,如鹰和臭鼬等。所谓"山中无老虎,猴子称大王",现在,郊狼雄霸一方,成了整个草原上最大的哺乳动物掠食者。

　　除热带地区,温带地区也有大面积的草原,它们一般位于雨水较少、不足以支持树木生长的内陆地带。主要的温带草原有北美洲大草原、南美洲彭巴草原和欧亚大陆东部的干草原。

南美兔鼠
这种动物生活在南美洲大草原上。它们穴居在地下,其庞大、复杂的地下宫殿系统可有三十多个出口。

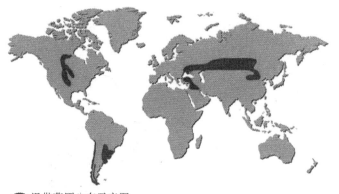

温带草原分布示意图

欧亚大草原上也供养着大量食草动物兽群，如高鼻羚羊等。过去还有野马群，但现在已是非常罕见了。较小的动物包括地松鼠、黄鼠、野兔和其他一些小型啮齿目动物。这里的冬季十分严酷，很多小动物都会冬眠或穴居在地下。严冬季节，高鼻羚羊会向南迁徙以躲避寒冷，待天气转暖时再回迁。为了寻找更好的草地而不停地迁徙，具有这种习性的动物叫做游牧动物。干草原上还生活着狼和鹰。狐狸、艾鼬和圆脸浓毛的兔狲体形较小，但也是精锐的掠食动物。

彭巴大草原上少有大型的哺乳动物兽群。草原鹿是成群生活的，但每个兽群仅由五六只鹿组成。栖居在草原上的美洲小鸵，鸟群数量可达三十多只。啮齿目动物包括南美兔鼠和栉鼠等穴居动物。长耳豚鼠结成的兽群较小，它们非常机警，善于奔跑。鹰和河狐以捕杀较小的植食性动物为食。穴鸮栖息在地洞或地隙里，可以占据有利地形来捕食小猎物。

郊狼（右图）
这是北美洲大草原上一种常见的掠食动物。

温带草原（下图）
北美洲大草原是温带草原。如今这里大都已辟为农田，但它们曾经是大量的美洲野牛和其他植食性动物的天堂。

沙　漠

　　年降雨量在250毫米以下的地区常被归为沙漠。沙漠地区的降雨有时是全年平均分布，每次降雨量都极为微薄，也有可能是全部降雨都集中在一次冲泻而下。有的沙漠可能连续多年没有一滴雨。沙漠气候一般都是炎热的，但中亚地区的沙漠十分凉爽，极地附近甚至还有"寒冷的沙漠"，那里的降雨或降雪极少，因而被称为沙漠。

　　沙漠植物都是特化植物，仅为存活。一些树的树根可深入到地下30米，以汲取地下水。北美洲的仙人掌不长树叶，以减少水耗，它的肉质茎内能贮存大量水分。其他地区的沙漠植物，在长期的适应过程中也演化出类似的特征。

　　有些植物用地下的肉质根储存水分。还有一些植物的生命周期非常短促，

　　降雨极少或完全没有降雨的地方就会产生沙漠。沙漠可能位于内陆地区，如亚洲的戈壁；也有可能是寒冷的、狭长的沿海沙漠带，如南美洲的阿塔卡马沙漠。

角响尾蛇

这种响尾蛇会把身体摆成S形，以侧边伸缩的方式在沙地上向前跳动，其他沙漠蛇类运动的方式与此类似。

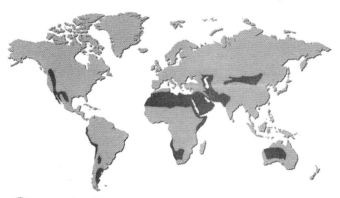

● 沙漠分布示意图

借助于滋育生命的雨水，它们在几天内便可完成生长、开花、结籽的全过程，然后死去。它们的种子会在下次降雨时萌发。

　　能在沙漠中存活的动物种类极为有限。有些昆虫生有厚厚的防水外壳，以减少水分流失。有些昆虫则利用夜间形成的微小露珠来维持生命。爬行动物长有干燥的鳞状皮肤，以减缓水分散失速度。即便如此，为躲避午间的酷

知识窗

　　骆驼无法躲避阳光，但它们的皮毛和背上富含脂肪的驼峰具有一定的隔热功能。当体内缺水时，骆驼可以在体温稍高于正常水平的40℃以上时才出汗。在凉爽的夜晚，它的体温可以降到正常水平之下，这样，在早晨后较长的时间体温才会逐渐升高。骆驼可以忍耐的脱水程度，也远比人类要高。在极渴的情况下，它一次可以喝下35升以上的水。骆驼的鼻孔可以闭合，长睫毛可以垂下，耳朵上的毛发也起着阻隔作用，这样就可以防止沙砾进入体内。它们脚趾上生有肉垫，行走起来不会陷在柔软的沙中。它们适应沙漠生活的能力非常强。

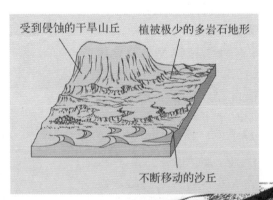

受到侵蚀的干旱山丘　　植被极少的多岩石地形

不断移动的沙丘

沙漠
沙漠地带的岩石和山丘会不断受到侵蚀。某些地带会沙化，沙砾被风刮起而会产生不断移动的巨大沙丘。

热,它们仍要躲进岩缝中或钻入沙中。

较小的哺乳动物一般都在白天躲藏起来,在夜间凉爽时才外出活动。还有一些动物,如更格卢鼠,则完全不用喝水,它们可以从干燥的种子食物里摄取水分,排出的尿量也非常少,且极为浓缩。

山 地

在高山地带,海拔每升高150米,温度就会下降1℃。高山峰顶附近的空气非常稀薄,氧气含量比在海平面要低得多。这里的太阳辐射可能很强烈,但稀薄的大气无法消耗热量,地面温度可能会比空气温度还高。山顶夜晚非常寒冷,山顶周围狂风呼啸。即使在赤道地区,像乞力马扎罗山这样的高山,峰顶也可能终年积雪。山顶与山脚平原之间,分布着一系列的气候带。

在海平面上,从赤道到极地,我们会经历一个非常明显的气候带演变,在山地上也有着类似的变化。山脚下可能生长着大面积的阔叶林,再往上是一圈针叶林,一直延伸到林木线,这里的月平均气温只有10℃。林木线之上是高山草甸,然后逐渐向上过渡到类似于北极冻原的植被类型。这之上,可能就是冰天雪地了。

几乎没有动物能在山顶附近存活,但在山坡缝隙里可能会有一些小昆虫或螨类。大多数昆虫都贴近地面飞行,以免被风吹走。不过,仍有很多昆虫、种子和植物残片被风吹到雪地上来,成为山鸦等鸟类的食物。高山

> 高山地带的独特气候,为许多种类的野生动物提供了独一无二的生存环境。一座高山从山脚到山顶,可能就有非常明显的气候变化。

牦牛
这种牛的栖息地比其他任何牛的都高。在西藏,它已被驯养成为非常珍贵的家畜。

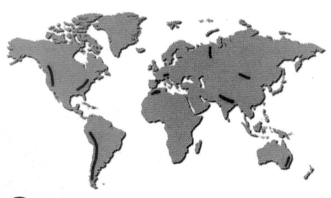

● 山地分布示意图

雪豹
这是一种生活在亚洲中部的
高山上的猎食动物。

植物大都紧贴地面生长，它们地下的根部可能非常粗壮，但地面上的部分却像垫子一样平铺在坡面上。它们一般都长成绒毛状，以利于存储热量。

有些大型哺乳动物非常适应高山上的生存环境。牦牛生活在喜马拉雅山脉的高处，冬季以苔藓、地衣等微小植物为食。它身披厚厚的皮毛，能忍耐0℃以下的温度。各种野生的绵羊、山羊和羚羊也生活在这里，但冬季它们会迁往较低的坡面。旱獭高高地生活在草甸上和岩石间，会在冬季冬眠，以应对严寒和食物的匮乏。一些野鼠也能够适应这里的高度。还有西藏的鼠兔，西藏鼠兔是世界上住得最高的动物，它们的洞穴被安在海拔5 500米的高处。

喜马拉雅山脉
这是地球上平均海拔最高的山脉。其中，珠穆朗玛峰高达
8 844.43米，是世界最高峰。

极　地

　　在南极地区的一些冰峰上长有地衣,还发现了一两种昆虫和螨类。但是,只有南极洲的边缘地区,才是动物们的家园:海鸟和哺乳动物大都在这里栖息、繁衍;海豹会钻出冰面来哺育后代;帝企鹅也会在附着于地面的海冰上孵卵育雏。

　　北极虽然也极为寒冷,但更适于生物生存。北极的中心是一片海洋,在冬季结冰,但其边缘会在盛夏融化。北美洲和欧亚大陆的最北部也位于北极圈内,在冬季,这片陆地会被冰雪覆盖,几个月都会笼罩在黑暗之中;在夏季,白昼很长,地表冰雪融化,但地下深层的土壤仍然是冻住的。这时,由低矮的冻原植物构成的植被就会显露出来,其中许多是地衣和苔藓,但也会

　　南极洲大陆位于地球的最南端。这里是一片不毛之地,终年冰雪覆盖,狂风肆虐,温度可低至-88℃。对大多数生命形式来说,这里都是极难生存的。

北极熊

这是北极地区最凶猛的掠食动物。它们的脚掌肉垫上长有毛皮,适于在冰上行走。

旅鼠

这是在北极生存的少数啮齿目动物之一。

北极

雪鸮
雄雪鸮几乎全身雪白，雌鸟身上则长有黑斑纹，它们直接把巢穴建在地面上。

南极

有仅十几厘米高的桦树和柳树。在六月到九月的短暂夏季里，这里还会有鲜花盛开。

在北极的夏季，很多鸟，如涉禽和鹅类，都会在冻原上筑巢，待雏鸟出壳后再向南迁徙。旅鼠是北极的永久居民，冬季到来时，它们会生活在雪下。

雷鸟、野兔、野鼠和地松鼠是其他生活在该地区的植食性动物。它们会被北极狐、雪鸮和鹰猎食。冻原地带最大的植食性动物是麝牛，为安全起见，它们往往成群结队地生活。

总体来说，北极地区动物种类极少，食物链很短。这里的动物长年上演着盛衰兴亡的循环历程，而不会像在其他更复杂的生态系统里那样，达到稳定的均衡状态。

冰山
在夏季，这些冰山会脱离极地大冰原，漂流入海，上面的动物一般也随之漂流。

知识窗

在低温环境中，大多数体形较小的哺乳动物都很难保持正常体温，但北极狐是个例外。它头部和身体总长60厘米，体重仅5千克，但它长有非常浓密的被毛，可以安然睡在—50℃的雪地上，而不会被冻伤。它的耳朵很短，尾巴浓密，用于在睡觉时盖住面部，这样北极狐体内就能够储存很多热量。